Ruksana Rahman
Lei Yu
Fengxiang Qiao

Mensagens de smartphone para uma condução segura em zonas de trabalho: testes em simulador

Ruksana Rahman
Lei Yu
Fengxiang Qiao

Mensagens de smartphone para uma condução segura em zonas de trabalho: testes em simulador

ScienciaScripts

Imprint

Cover image: www.ingimage.com

This book is a translation from the original published under ISBN 978-3-659-82632-0.

Publisher:
Sciencia Scripts
is a trademark of
Dodo Books Indian Ocean Ltd. and OmniScriptum S.R.L publishing group

120 High Road, East Finchley, London, N2 9ED, United Kingdom
Str. Armeneasca 28/1, office 1, Chisinau MD-2012, Republic of Moldova, Europe
Printed at: see last page
ISBN: 978-620-8-30461-4

MENSAGENS DE SMARTPHONE PARA UMA CONDUÇÃO SEGURA EM ZONAS DE TRABALHO: TESTES EM SIMULADOR

Ruksana Rahman
Dr. Lei Yu
Dr. Fengxiang Qiao
UNIVERSIDADE DO SUL DO TEXAS
FACULDADE DE CIÊNCIAS E TECNOLOGIAS DA ENGENHARIA
HOUSTON, TEXAS, EUA.

ÍNDICE DE CONTEÚDOS

AGRADECIMENTOS

Tenho o prazer de agradecer a ajuda e o apoio que recebi dos meus colegas, dos membros do corpo docente da TSU, dos amigos e dos familiares durante o meu curso de pós-graduação. Agradeço a contribuição positiva para a minha investigação e realização pessoal. As suas palavras e acções amáveis serão uma fonte de inspiração para o resto da minha vida.

Em primeiro lugar, gostaria de agradecer a contribuição dos meus orientadores, o Professor Dr. Lei Yu e o Professor Dr. Fengxiang Qiao, por me terem selecionado como estudante de pós-graduação em investigação. Penso que, sem a sua orientação construtiva e inspiração constante, seria impossível ter chegado até aqui. Os dois elementos mais importantes que aprendi com eles são a aplicação de uma abordagem sistemática para resolver um desafio e o exercício de uma gestão eficaz do tempo. Os métodos e estratégias de investigação que aprendi ajudar-me-ão a desenvolver a minha carreira nos próximos anos. Gostaria também de estender os meus agradecimentos a todo o corpo docente de Estudos de Transportes por ter enriquecido os meus conhecimentos em Engenharia e não só. O Professor Dr. Qi merece um agradecimento especial pela sua orientação geral e sugestões relativamente ao meu trabalho de curso e investigação. Os meus agradecimentos vão para o Professor Dr. Mehdi Azimi por me ter dado instruções e orientações desde o início do meu projeto de investigação. Admiro verdadeiramente a sua sabedoria e a sua extensão de ajuda sempre que necessário.

Tive a sorte de ter trabalhado com um grupo de jovens investigadores muito prestáveis e dedicados. Gostaria de agradecer a todos os membros desta equipa pelo seu apoio e ajuda contínuos. Um agradecimento especial a Qing Li e Po-Hsien Kuo pela sua ajuda.

Reconheço especialmente o apoio financeiro, em parte, do Tier 1 University Transportation Center TranLIVE # DTRT12GUTC17/ KLK900-SB-003, e da National Science Foundation (NSF) ao abrigo das subvenções #1137732.

A minha família merece um grande reconhecimento por ser uma fonte constante de inspiração e apoio na minha vida, especialmente a minha mãe Lutifi Ara Begum. A sua ajuda e encorajamento ajudaram-me a perseverar em muitos momentos de stress.

RESUMO EXECUTIVO

As colisões nas zonas de trabalho sempre foram um fator que contribuiu para comprometer a segurança nas estradas urbanas. A Administração Nacional de Segurança do Tráfego Rodoviário (NHTSA) e as Autoridades Estaduais de Transporte implementaram muitas contramedidas de segurança para reduzir as colisões frontais em zonas de trabalho. No entanto, devido à complexidade do tráfego numa zona de trabalho, as contramedidas tradicionais muitas vezes não conseguem evitar os acidentes. Assim, os sistemas de aviso inteligentes podem ser aplicados para notificar os automobilistas sobre as condições futuras nas zonas de trabalho. Neste estudo, os sistemas de aviso baseados em smartphones foram concebidos para investigar (Fase-A) a eficácia em notificar os utilizadores sobre a presença de uma zona de trabalho e reduzir as colisões para a frente através de uma área de aviso avançada e (Fase-B) o potencial para reduzir as mortes de trabalhadores em zonas de atividade. A aplicação do sistema de aviso baseado num smartphone foi concebida utilizando o MIT App Inventor 2. Na Fase-A, foram geradas quatro mensagens de aviso diferentes (visual, sonora, voz masculina e voz feminina) para alertar os condutores. Foram realizados testes em simuladores de condução com vinte e quatro participantes, com cento e vinte voltas em zonas de trabalho, para investigar o impacto dos avisos baseados em smartphones em medidas de desempenho como a distância, o tempo de passagem, a velocidade e a aceleração/desaceleração. Na Fase B, foram concebidos três sistemas diferentes de mensagens de aviso (som, voz masculina e voz feminina) para alertar os condutores. Foram realizados testes em simulador de condução com vinte e quatro participantes em noventa e seis voltas de condução numa zona de trabalho para investigar os impactos das mensagens de aviso baseadas em smartphones nas medidas de desempenho de velocidade, variação de velocidade, aceleração e distância de reação à travagem. Na Fase-A, os resultados analisados estatisticamente mostram que, com a ajuda de avisos de voz (feminina ou masculina) sobre colisões frontais, a aceleração e a velocidade foram reduzidas, e o tempo de avanço e a distância de travagem aumentaram. A distância de travagem foi aumentada até uma certa distância; depois disso, diminuiu gradualmente. Além disso, os participantes consideraram que o sistema de notificação era de fácil utilização e que ajudava a evitar colisões traseiras nas zonas de trabalho. Na Fase B, os resultados da análise estatística mostraram que, com a ajuda de mensagens de aviso sonoras e vocais (femininas ou masculinas), os condutores podem efetivamente reduzir a sua velocidade. Entretanto, esses sistemas de aviso podem também reduzir a distância de reação dos travões e aumentar o tempo e a distância de passagem. Em geral, não foram encontradas diferenças estatisticamente significativas entre a voz masculina e a feminina. Assim, o aviso por voz masculina ou feminina é a melhor opção para reduzir as colisões frontais e as mortes de trabalhadores.Estes estudos baseados em simuladores de condução concluíram que o sistema de alerta baseado em smartphones é eficaz na redução dos acidentes entre veículos e das mortes de trabalhadores. Recomenda-se que uma aplicação para smartphone tão eficaz e de baixo custo seja testada em condições reais de estrada com medidas de segurança semelhantes às utilizadas neste documento.

Palavras-chave: Zona de trabalho, Área de aviso prévio, Área de atividade, Colisão frontal, Fatalidade, Simulador de condução, Smartphone.

CAPÍTULO 1
INTRODUÇÃO

1.1 Antecedentes da investigação

Desde a invenção da roda, registaram-se grandes progressos no desenvolvimento de sistemas de transporte rodoviário eficientes e seguros que satisfazem as necessidades de mobilidade humana. No entanto, as mortes de pessoas, as perdas económicas e os impactos ambientais relacionados com o transporte rodoviário são assustadoramente elevados. De acordo com o Fatality Analysis Reporting System (FARS), todos os anos, só nos EUA, mais de 32 000 pessoas perdem a vida devido a acidentes rodoviários (FARS, 2014). As colisões e as mortes relacionadas com a zona de trabalho contribuem significativamente para este elevado número de mortes. Ullman et al. (2004) calcularam que os utentes da estrada encontram uma zona de trabalho ativa em aproximadamente uma em cada cem milhas percorridas no sistema rodoviário nacional. O relatório Facts and Statistics Injuries and Fatalities (FHWA, 2014) indicou que, em 2010, se registaram 87 606 acidentes em zonas de trabalho em todo o país e 37 476 feridos em condutores e trabalhadores. Infelizmente, em 2010, registou-se, em média, uma lesão por cada 14 minutos. De acordo com o relatório do Sistema de Relatórios de Análise de Fatalidades (FARS) da Administração Nacional de Segurança Rodoviária (NHTSA) (2014), a tendência para acidentes relacionados com zonas de trabalho entre 2002 e 2012 diminuiu ligeiramente de 2,76% para 1,81%, e a percentagem de acidentes relacionados com zonas de trabalho também diminuiu de 5,15% para 3,68%. De acordo com o último relatório do Estado do Texas (2014), em 2013 ocorreram 17 266 acidentes em zonas de construção e manutenção de estradas, dos quais resultaram 3522 feridos graves e 115 vítimas mortais. De acordo com o relatório do Centro de Controlo e Prevenção de Doenças (CDC), 2014), as principais causas de morte nas zonas de trabalho são as colisões entre veículos e veículos, veículos e infra-estruturas e trabalhadores atingidos por veículos em sentido contrário.

Numa zona de trabalho, os acidentes são frequentemente colisões traseiras. Os principais factores que contribuem para estas colisões são o incumprimento, por parte do condutor, do limite de velocidade da zona de trabalho e das mensagens de aviso de mudança de faixa. Pigman el al. (1990) e Schrock et al. (2004) concluíram que a presença de camiões de grandes dimensões que obstruem a visão de outros veículos em zonas de trabalho estreitas pode causar colisões com vários veículos. A Truck Crash Dangers (Fact Sheet, 2014) indicou que, em 2011, ocorreu um total de 530 acidentes fatais em zonas de trabalho de construção, manutenção ou atividade de serviços públicos, e um total de 174 camiões de grandes dimensões estiveram envolvidos em acidentes fatais em zonas de trabalho nos EUA.

Infelizmente, nas zonas urbanas envelhecidas com necessidades acrescidas de reparações periódicas e expansões das estradas, os acidentes relacionados com zonas de trabalho podem continuar a ser elevados (TxDOT, 2014).

Numa zona de trabalho típica, os sinais de aviso são afixados numa área de aviso prévio para alertar o tráfego em sentido contrário da zona de trabalho que se avizinha. O sistema de aviso obrigatório inclui sinais estáticos que dizem: "Zona de trabalho à frente", "Limite de velocidade XX" e "Faixa da esquerda/direita fechada". Radwan et al. (2009) referem que, em alguns casos, existem sistemas de aviso dinâmicos para melhorar ainda mais o fluxo de tráfego nas zonas de trabalho. No entanto, estas medidas gerais de segurança muitas vezes não conseguem orientar corretamente um condutor, uma vez que não têm em consideração as várias caraterísticas operacionais dos veículos que se aproximam e as suas posições relativas perto de uma zona de trabalho. Muitas vezes, os veículos de maiores dimensões, como camiões ou autocarros, necessitam de mais espaço de viragem para se fundirem e, por conseguinte, representam riscos para outros veículos e trabalhadores. Além disso, os veículos que circulam atrás desses camiões tornam-se praticamente cegos quanto à posição exacta de uma mudança de faixa de rodagem e à velocidade a seguir, o que pode resultar em colisões traseiras. Garber et al. (2002) referem que as colisões traseiras são o tipo de acidente mais frequente na área de aviso prévio de uma zona de trabalho. Os estudos de Garber et al. (2002) e Nemeth et al. (1978) referem que 10-35% de todos os acidentes relacionados com zonas de trabalho ocorrem na zona de aviso prévio. Várias análises comparativas de acidentes efectuadas por Hall et al. (1989) e Rouphail et al. (1988) concluíram que os acidentes traseiros são mais predominantes numa zona de trabalho do que numa zona de não trabalho.

Os trabalhadores da construção rodoviária são mais vulneráveis devido ao tráfego em movimento nas zonas de construção rodoviária. De acordo com dados do USDOT (2014), mais de 20 000 pessoas sofrem ferimentos relacionados com o trabalho em zonas de construção rodoviária todos os anos. A investigação em matéria de mobilidade e segurança (2014) indicou que, nos estaleiros de construção rodoviária, a maioria dos ferimentos e mortes de trabalhadores se deve a atropelamentos (frequentemente por camiões basculantes), colisões entre veículos e equipamento de construção em movimento e ficar preso entre eles ou ser atingido por um objeto. De acordo com Salem et al. (2006) e Akepati et al. (2011), a área de atividade (trabalho) é o local de acidente mais perigoso. Por exemplo, Garber et al. (2002) e Pigman et al. (1990) concluíram que 70% e 80% dos acidentes, respetivamente, ocorreram na área de atividade. Os estudos existentes sobre zonas de trabalho são inadequados para captar o impacto da grande variabilidade da extensão de cada componente da zona de trabalho de diferentes projectos. No entanto, quer a zona de atividade seja ou não, de facto, o elemento mais inseguro de uma zona de trabalho, justifica-se a adoção de medidas de segurança mais avançadas.

A velocidade é referida como o fator que mais contribui para os acidentes nas zonas de trabalho. De acordo com os relatórios do USDOT (2010), cerca de 31% das mortes em zonas de trabalho ocorreram devido a velocidade excessiva. A Administração das Estradas do Estado de Maryland (2014) identificou que o excesso de velocidade na zona de trabalho não só põe em perigo a vida dos condutores, como também coloca potencialmente em risco a vida dos trabalhadores da berma da estrada, uma vez que estes conduzem os seus veículos de forma imprudente. De acordo com os relatórios do Gabinete de Estatísticas do Trabalho e da Administração Rodoviária Federal do USDOT (2014), as mortes de trabalhadores em estaleiros de construção rodoviária foram 101 em 2008, 116 em 2009, 106 em 2010, 122 em 2011, 133 em 2012 e 105 em 2013. Durante os 11 anos de 2003 a 2013, o Texas foi classificado como o estado com mais mortes de trabalhadores em zonas de trabalho, com 131. É óbvio que os sinais de aviso estáticos e dinâmicos convencionais podem não ser suficientes para evitar acidentes nas zonas de trabalho. Um sistema de aviso ao condutor mais eficiente e racionalizado poderia aplicar as tecnologias de veículos conectados baseadas no Sistema de Transporte Inteligente (ITS). O USDOT informou (2014) que, com esta tecnologia, os dados fiáveis e seguros são partilhados sem fios utilizando sistemas de comunicação como as comunicações dedicadas de curto alcance (DSRC) de alta velocidade de 5,9 GHz. Maitipe et al. (2012) referiram que outra forma de tecnologia é o Wi-Fi, utilizado para oferecer uma ligação através da qual as comunicações veículo-veículo (V2V) e veículo-infraestrutura (V2I) podem ter lugar para evitar potenciais acidentes. No entanto, as estimativas da NHTSA (2014) e do comité ITS (2014) indicam que esta tecnologia não será utilizada antes de 2017 e que foram encontrados desafios significativos em termos da aplicabilidade e dos custos destes sistemas de alerta a bordo. A aplicação de um sistema de alerta baseado num smartphone pode ser outra ferramenta promissora para transmitir mensagens de alerta aos condutores.

1.2 Objectivos da investigação

As fatalidades relacionadas com as zonas de trabalho e as medidas de segurança actuais motivaram a definição do âmbito e dos objectivos desta investigação. O objetivo geral era desenvolver e testar um sistema de aviso baseado em smartphone para reduzir tanto a colisão frontal como as mortes de trabalhadores em zonas de trabalho. Mais especificamente, os objectivos eram

> desenvolver um sistema de aviso baseado num smartphone para alertar os

condutores no ambiente do simulador de condução;

> testar quatro tipos de mensagens de aviso (visuais, sonoras, de voz masculina e de voz feminina) para alertar os condutores para as colisões frontais na zona de aviso avançado da zona de trabalho, e três tipos de mensagens de aviso (sonoras, de voz masculina e de voz feminina) para alertar os condutores para a presença de obras de construção na zona de atividade da zona de trabalho; e

> analisar os resultados dos ensaios para comparar a eficácia relativa dos métodos de aviso para reduzir as colisões frontais e as mortes de trabalhadores.

1.3 Descrição do estudo

A parte restante desta investigação inclui os seguintes capítulos:

Chapter 2: apresenta uma revisão do conceito de tecnologia de veículos conectados e dos estudos existentes sobre a prevenção de dois tipos diferentes de acidentes, ou seja, acidentes de colisão frontal numa zona de aviso prévio e acidentes relacionados com os trabalhadores numa zona de atividade.

Chapter 3: descreve os métodos experimentais deste estudo (a) desenvolvimento da aplicação para smartphone, (b) testes em simuladores de condução com diferentes métodos de aviso e (c) recolha de dados.

Chapter 4: apresenta a análise dos resultados dos ensaios para determinar a eficácia comparativa de vários métodos de aviso para reduzir as colisões frontais e as mortes de trabalhadores.

Chapter 5: resume as conclusões gerais, as recomendações e a orientação futura desta investigação.

CAPÍTULO 2
REVISÃO DA LITERATURA

Neste capítulo, é efectuada uma revisão exaustiva da literatura para compreender o estado atual da investigação realizada para atenuar os acidentes relacionados com a zona de trabalho e a potencial aplicação da tecnologia dos veículos conectados para os resolver. Mais especificamente, esta revisão da literatura centrar-se-á 1) na investigação de contramedidas de segurança na zona de trabalho, 2) na história da tecnologia dos veículos conectados (comunicação V2V e comunicação V2I) e nas suas potenciais aplicações, 3) na investigação existente com a tecnologia dos veículos conectados, 4) na investigação existente com o smartphone e 5) na utilização do simulador de condução.

2.1 Investigação de contramedidas de segurança nas zonas de trabalho

Yang et al. (2014) mencionaram na reunião anual do Transportation Research Board que os estudos para minimizar os acidentes relacionados com a zona de trabalho podem ser rastreados desde 1960. A maioria destes estudos centrou-se na análise de dados de acidentes de várias fontes estatais e de organizações de transportes para encontrar causas e efeitos. Consequentemente, vários factores relacionados com o ambiente e as estradas, tais como as condições ambientais (chuva, condições de luminosidade, etc.), as caraterísticas físicas de uma zona de trabalho, os tipos de veículos e as acções dos condutores, foram referidos como componentes-chave.

Embora estes estudos forneçam informações valiosas sobre as causas dos acidentes em zonas de trabalho, não consideraram medidas inovadoras para melhorar a segurança. Para colmatar estas limitações, McAvoy et al. (2011) e Nelson et al. (2011) referiram que os estudos baseados em simuladores de condução empregam métodos úteis para investigar as contramedidas de segurança das zonas de trabalho e os comportamentos de condução dos condutores.

Por exemplo, num estudo recente num simulador de condução conduzido pelo Texas Transportation Institute (TTI), Nelson et al. (2011) demonstraram que uma combinação de sinais de aviso curtos iterativos e barreiras cor de laranja tinha o melhor impacto na reação do condutor, na redução da velocidade e no comportamento seguro de mudança de faixa.

De todas as demonstrações de incidentes de colisão reais e de estudos baseados em simuladores de condução, conclui-se que os sistemas tradicionais de aviso de segurança podem melhorar a segurança, mas não eliminar completamente o risco. Como tal, pode ser possível reduzir ainda mais o número de incidentes de colisão aplicando contramedidas de segurança inovadoras, como os ITS. Nos últimos anos, o USDOT efectuou várias aplicações de tecnologias ITS para garantir a segurança rodoviária, criando zonas de trabalho inteligentes. No âmbito de processos de zonas de trabalho inteligentes baseados em ITS e através de agências de transportes estatais no Kentucky, Agent et al. (1999) testaram um sistema de monitorização do tráfego baseado em sensores de velocidade em zonas de trabalho. Os dados recolhidos foram processados através de um sistema de controlo no local para avaliar o cenário e gerar mensagens de aviso (velocidade, atraso ou desvio de rota), se necessário. Qiao et al. (2014) desenvolveram um sistema de assistência inteligente ao condutor (DSAS) baseado na identificação por radiofrequência (RFID), que ajuda o condutor a tomar medidas mais cedo para desacelerar com perfis de velocidade mais suaves.

2.2 Uma breve história das tecnologias de veículos conectados

Os avanços da tecnologia da informação abriram o leque de muitas aplicações potenciais no sector dos transportes. Os ITS utilizam aplicações de tecnologias da informação avançadas para melhorar as condições de condução segura dos automobilistas. A conceção e a implementação dos ITS tornaram-se um dos principais objectivos das agências governamentais de transportes, como a USDOT. Os ITS desempenham um papel importante na tecnologia dos veículos conectados, permitindo a transferência de informações entre veículos (V2V) e infra-estruturas rodoviárias (V2I). A primeira pedra angular desta tecnologia de veículos conectados foi lançada quando a Comissão Federal de Comunicações (FCC) iniciou a atribuição de DSRC para testar a conetividade dos veículos (Harding et al., 2014 e Zeng et al., 2012). A DSRC destinava-se inicialmente a fins de segurança dos transportes. Em 2002, foi iniciada uma iniciativa abrangente, quando foram formados dois consórcios, o Vehicle Infrastructure Initiative (VII) e o Vehicle Safety Communications Consortium (VSCC), para coordenar as actividades entre fabricantes de automóveis, agências governamentais e instituições de investigação. O Sistema Cooperativo de Prevenção de Colisões em Intersecções (CICAS) é um dos muitos resultados bem sucedidos destes esforços coordenados.

Com o passar do tempo, as aplicações da tecnologia de veículos conectados expandiram-se, tanto na utilização de novos sistemas de comunicação como na aplicação de diferentes tipos de cenários rodoviários. A Figura 1 apresenta o historial da tecnologia dos veículos conectados.

Figura 1 Breve história da tecnologia dos veículos conectados

O Programa de Investigação sobre Veículos Ligados do USDOT (2011) definiu projectos-piloto plurianuais (2010-2015) para diferentes iniciativas ITS. O ano de 2011 constituiu um marco para a tecnologia dos veículos conectados, uma vez que foi iniciado um programa-piloto de segurança para testar esta tecnologia em cenários de condução reais. Em 2013, foi concluído outro estudo que avaliou os efeitos dos veículos conectados na mobilidade rodoviária. No relatório de prova do conceito, Kandarpa et al. (2013) referem que, em função dos resultados destes estudos, estão previstos mais estudos para um futuro próximo pelo USDOT.

2.3 A tecnologia dos veículos conectados e o seu potencial

Na tecnologia de veículos conectados, os dados fiáveis e seguros são partilhados sem fios utilizando DSRC de alta velocidade de 5,9 GHz. A USDOT (2011) afirma que esta tecnologia é semelhante à Wi-Fi, oferecendo uma ligação através da qual a comunicação V2V e V2I pode ser efectuada para evitar potenciais acidentes.

A caraterística básica do V2V é o conceito "Aqui estou" e a aplicação do DSRC para detetar a presença de outro veículo na zona de colisão (300 a 500 metros). De acordo com o relatório do GAO (2013), este alcance é superior ao alcance do atual sistema de prevenção de colisões baseado em sensores (150 metros). A tecnologia V2V gera três tipos de alerta (visual, sonoro e tátil) e vibração do banco, motivando o condutor a tomar as medidas necessárias para evitar uma colisão iminente. Além disso, o DSRC com GPS torna o sistema rentável e emite um aviso sobre o historial da trajetória dos veículos presentes num raio de 360 graus de um veículo.

Na Figura 2, são apresentados os vários componentes e a sua conetividade utilizados na tecnologia V2V.

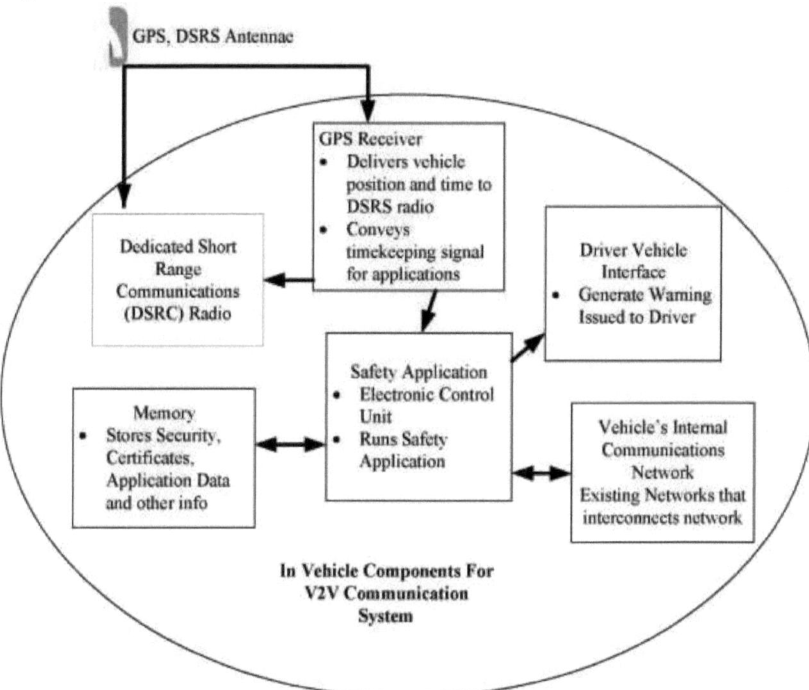

Figura 2 Componentes do sistema V2V para evitar colisões

(Fonte: GAO 14-13, Intelligent Transportation System, página nº 14)

O sistema DSRC inclui um cabo e uma antena para o envio e a receção de dados, enquanto os chips GPS mantêm o controlo do veículo em causa. Todos os dados recebidos são analisados em termos de velocidade, posição e travagem aplicada do veículo. Com a ajuda dos dados processados, são previstas potenciais colisões. As previsões de colisão são transmitidas ao condutor do veículo através de um mecanismo de interface condutor-veículo. Normalmente, os condutores são alertados para uma colisão iminente através de sons, luzes ou vibrações no banco.

Na tecnologia V2I, a comunicação pode ser estabelecida entre os veículos e as infra-estruturas rodoviárias. As informações em tempo real sobre a situação do tráfego (sinalização rodoviária, limites de velocidade, etc.) e as condições de perigo (zona de trabalho, curva, viragem, etc.) são recolhidas pelas infra-estruturas e distribuídas continuamente aos veículos sob a forma de avisos ou alertas.

2.3.1 Benefícios em termos de segurança, mobilidade e outras áreas

Os benefícios potenciais da tecnologia dos veículos conectados são múltiplos. Os benefícios nos três principais sectores são descritos a seguir.

> Benefícios de segurança

Como esta tecnologia segue constantemente os automóveis em termos de localização, velocidade, direção, etc., cada condutor terá conhecimento da presença de outro automóvel na sua zona de colisão. O aviso informará os condutores para que tomem medidas preventivas para evitar colisões e evitar mortes. De acordo com um estudo recente da NHTSA, "estas aplicações poderiam potencialmente resolver cerca de 75% de todos os acidentes que envolvem todos os tipos de veículos, ou 81% de todos os acidentes com veículos que envolvem condutores não deficientes". Esta tecnologia reduzirá as colisões traseiras ao gerar o aviso de colisão frontal (FCW) destinado a informar o condutor da presença de um veículo mais lento à frente. Outros dispositivos de segurança semelhantes incluem o aviso de ângulo morto (BSW), a luz de travagem eletrónica (EBL), o controlo da mudança de faixa (LCW), o aviso de não ultrapassagem (DNPW), etc.

A figura 3 mostra várias aplicações de segurança atualmente em várias fases de investigação e desenvolvimento, incluindo demonstrações conceptuais, de simulação e no terreno. São utilizados dois mecanismos principais, nomeadamente o V2V e o V2I, para comunicar dados com vista a garantir a segurança.

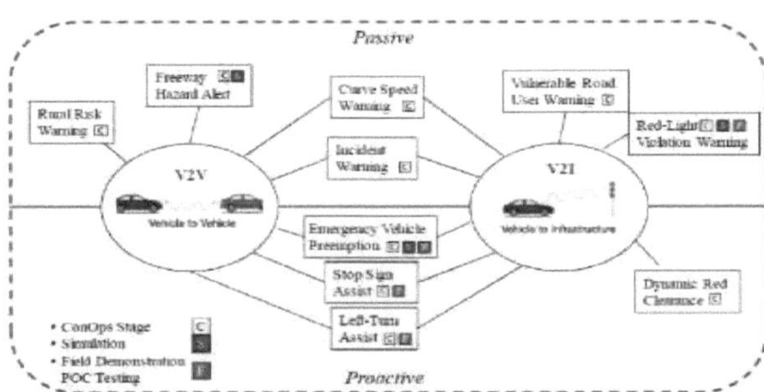

Figura 3 Resumo da aplicação de segurança com actividades de investigação

(Fonte: Relatório n.º SWUTC/12/161103-1, página n.º 26)

As aplicações de segurança incluem tanto o conhecimento da situação (passivo) como o aviso ativo (proactivo). Por exemplo, no modo passivo, são gerados avisos ao utilizador ou sugestões de mensagens para preparar o condutor para tomar medidas preventivas. No modo proactivo, são gerados avisos urgentes para alertar o condutor para que tome medidas imediatas para evitar um acidente/perigo.

Além disso, esta tecnologia pode também melhorar as colisões relacionadas com os cruzamentos. Por exemplo, quando um veículo passa um sinal vermelho, os outros condutores com V2I instalado receberão avisos automáticos de aviso de colisão até conseguirem sair do cruzamento.

Como o carro pode ser rastreado, as companhias de seguros podem ter a oportunidade de oferecer um desconto aos condutores com hábitos de condução seguros.

> Benefícios da mobilidade

De acordo com Gozalvez et al. (2014), a aplicação da tecnologia V2I reduzirá o congestionamento rodoviário, acabando por melhorar a mobilidade das estradas. Isto guiará os condutores para rotas alternativas e ajudará a facilitar a cobrança eletrónica de portagens. Como os veículos estarão ligados, os tempos de reação e a distância entre eixos serão reduzidos. Assim, a capacidade da estrada aumentará para reduzir os atrasos nas viagens e os engarrafamentos. A capacidade das faixas de rodagem aumentará, o que resultará na construção de menos faixas e na redução dos custos associados. Além disso, uma coordenação exacta dos sinais de trânsito ajudará a localizar o pelotão de veículos. Permitirá que os gestores de tráfego utilizem uma ligação Wi-Fi segura para aceder aos controladores de tráfego sem terem de se deslocar ao local ou parar o tráfego.

> Benefícios ambientais e de custos

A tecnologia reduzirá a poluição atmosférica relacionada com o congestionamento do tráfego devido à emissão de CO_2. Esta tecnologia evitará acidentes relacionados com as condições meteorológicas nas estradas, fornecendo aos condutores actualizações meteorológicas em tempo real (estradas geladas, chuva) e condições do pavimento escorregadio (Figura-4).

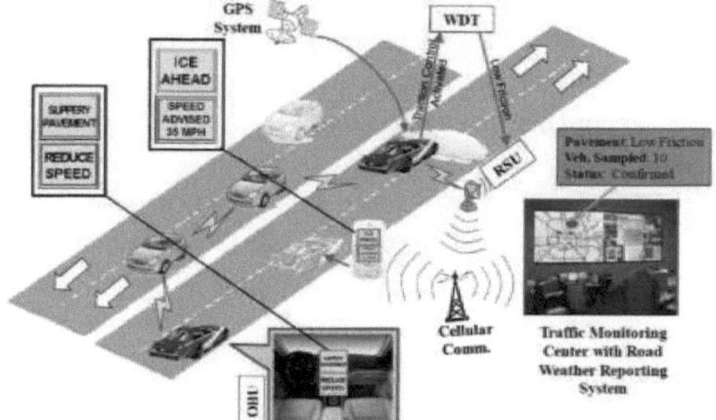

Figura 4 O conceito de sistema de pavimento escorregadio

(Fonte: Relatório n.º SWUTC/12/161103-1, página n.º 71)

Em termos mais gerais, a tecnologia V2X abrange ambos os aspectos da tecnologia dos veículos conectados (aplicações V2V e V2I). O impacto das tecnologias V2X pode diminuir a dependência da dispendiosa instalação e manutenção do circuito indutivo e da deteção de vídeo. A introdução desta tecnologia criará numerosos postos de trabalho na indústria automóvel, eletrónica e dos transportes.

Mais importante ainda, as vidas das pessoas serão poupadas aos acidentes e a nossa geração futura poderá viver num mundo sem acidentes, congestionamentos e poluição.

2.4 Cenários de implementação

Um estudo-piloto bem sucedido é a condição prévia para a implementação alargada de qualquer nova tecnologia. Para testar a eficácia e a aplicabilidade dos veículos conectados, o USDOT está a realizar dois projectos-piloto de segurança em colaboração com o ITS-JPO RITA, a NHTSA, institutos de investigação e vários fabricantes de automóveis.

O primeiro estudo-piloto foi realizado em agosto de 2011 e analisou a forma como os 700 condutores participantes lidaram com os vários sistemas de aviso. Estes incluíam avisos de colisão no automóvel, avisos de "não passar" e alertas de paragens súbitas de um veículo da frente. As publicações do ITE Journal (2013) indicaram que uma esmagadora maioria dos condutores (9 em cada 10) gostaria de ter as funcionalidades V2V instaladas nos seus próprios veículos para evitar colisões.

A segunda fase do programa (agosto de 2012-2014) envolveu a implantação do modelo-piloto de segurança do V2X no mundo real para avaliar o desempenho da tecnologia sem fios dos veículos e a forma como o V2X pode melhorar a segurança rodoviária. Este teste piloto é o maior programa de testes em estrada real, com 3.000 veículos a circular nas estradas públicas de Ann Arbor, Michigan. As conclusões (ITE Journal, 2011) deste importante estudo deverão ser divulgadas no outono de 2014 pela NHTSA.

O resultado destes dois estudos (ITE Journal, 2011) acabará por ajudar o NHSTA a tomar uma decisão relativamente à importante regulamentação sobre se a tecnologia V2V deve ser obrigatória nos veículos recém-fabricados a partir do final de 2013. O US DOT, o ITS (JPO) RITA e a NHTSA estão a tentar desenvolver o conceito de operações (ConOps) das operações de transporte e as questões de gestão relativas a esta tecnologia.

Numa demonstração no terreno, Maitipe et al. (2012) descobriram que a comunicação V2I baseada em DSRC com assistência V2V pode ajudar a alterar dinamicamente os ambientes de tráfego da zona de trabalho e pode lidar com comprimentos de congestionamento muito maiores em comparação com o sistema anterior que utilizava a comunicação apenas V2I sem a assistência V2V. Liao et al. (2014) desenvolveram o conceito de um sistema de aconselhamento baseado em V2V para a fusão de faixas de rodagem de veículos numa zona de trabalho. Este novo sistema está planeado para ser implementado como um sistema autónomo de aviso de filas de espera em zonas de trabalho ou como uma melhoria rentável de um sistema dinâmico de fusão de faixas.

2.5 Estratégia V2I para melhorar a segurança rodoviária dos trabalhadores

Foi concluída uma quantidade significativa de investigação na área da segurança associada às zonas de trabalho de construção e manutenção. Os estudos anteriores centraram-se na utilização adequada dos dispositivos de controlo do tráfego, na programação das actividades de trabalho e na formação do pessoal para as zonas de trabalho. Qiao et al. (2012) revelaram que o sistema pessoa-para-infraestrutura (P2I) pode notificar os condutores sobre os trabalhadores que atravessam a zona de atividade, o que os incita a reduzir a velocidade de condução.

2.6 Investigação baseada em smartphones

Liao (2014), investigador da Universidade do Minnesota, investigou aplicações para smartphones que utilizavam as tecnologias GPS e Bluetooth para gerar a vibração com a mensagem sonora para peões com deficiência visual, a fim de os ajudar a avisar da presença da zona de trabalho à sua frente. Noutro estudo, Basacik et al. (2011) investigaram o perigo da utilização de smartphones durante a condução, utilizando um simulador de condução. Verificaram que, enquanto os condutores utilizavam o smartphone para atualizar o seu estado nas redes sociais ou para ler ou escrever mensagens, as suas velocidades e o tempo de avanço em relação ao veículo da frente variavam. Os condutores não conseguiam manter uma posição central na faixa de rodagem e passavam 40% a 60% do tempo a olhar para o smartphone. Rakha et al. (2014) realizaram um estudo sobre aplicações para smartphones para monitorizar as emissões de gases com efeito de estufa e o consumo de combustível dos veículos, de modo a que os condutores possam ajustar os seus padrões de condução para minimizar as emissões. Ren et al. (2013) desenvolveram uma tecnologia de baixo custo baseada em smartphones como alternativa ao atual sistema dispendioso de aviso de colisão para detetar o veículo da frente, a fim de minimizar as colisões traseiras. Utilizaram o detetor de caraterísticas do tipo Haar para identificar a localização dos veículos candidatos, utilizando o algoritmo AdaBoost no smartphone. O relatório publicado na Internet (2013) mencionou que o serviço App Inventor para acesso do público em geral foi lançado pelo MIT Center for Mobile Learning durante o primeiro trimestre de 2012. Ao criar qualquer aplicação, recomenda-se que os criadores utilizem um dispositivo e um computador de desenvolvimento ligados à mesma rede local (LAN).

2.7 Aplicações do Simulador de Condução

Nos últimos anos, os investigadores no domínio dos transportes têm utilizado amplamente os simuladores de condução para investigar novas tecnologias de conceção de estradas, caraterísticas avançadas dos veículos e segurança dos condutores/passageiros. Um dos principais focos dos testes em simuladores de condução é investigar a resposta/reação dos condutores ao receberem uma mensagem de aviso sobre o perigo iminente na estrada. Li et al. (2015) construíram os modelos de mudança de faixa baseados na lógica difusa, nos quais os dados sociodemográficos dos condutores são desenvolvidos para melhorar a praticabilidade dos movimentos de mudança de faixa. Nesta investigação, os principais factores independentesAs variáveis de entrada foram os factores sociodemográficos dos condutores e as variáveis de saída foram o tempo de ação na mudança de faixa de rodagem (LCAT) e a distância de ação na mudança de faixa de rodagem (LCAD). Para demonstrar a eficácia deste modelo na simulação de tráfego, o LCAT e a LCAD foram calculados em cinco localizações geográficas com diferentes especificações sociodemográficas. Os resultados desta investigação indicaram que as mensagens do Sistema de Aconselhamento Inteligente aos Condutores (DSAS) foram bem sucedidas na notificação de todos os condutores para se prepararem e mudarem de faixa mais cedo, o que reduziu a duração do tempo de mudança de faixa. Nos modelos desenvolvidos, as variáveis essenciais foram a formação académica e a idade, enquanto as influências do género nas variáveis de saída não foram distinguidas. Noutro estudo, Li et al. (2012) desenvolveram um sistema de comunicação sem fios Pessoa-a-Infraestrutura (P2V) composto por duas partes. A primeira parte era a comunicação entre os trabalhadores e a infraestrutura (P2I), enquanto a comunicação entre a infraestrutura e os veículos (I2V) era considerada na segunda parte. Esta investigação foi efectuada com o simulador de condução DriveSafety DS-600c na TSU. O principal objetivo desta investigação foi investigar os comportamentos de condução dos condutores, tendo em conta factores como a mudança de faixa, a desaceleração e a distância de paragem em relação aos trabalhadores que se aproximam, com e sem o sistema de comunicação P2V. Os resultados mostraram que os condutores mudam de faixa cerca de 130 metros mais cedo e desaceleram 49 metros mais cedo em situações de emergência. Além disso, o inquérito posterior aos condutores revelou que os participantes gostam desta tecnologia e gostariam que fosse implementada e adoptada. Santoset et al. (2005) observaram que os jovens condutores têm uma fraca capacidade de antecipação do perigo em comparação com os condutores mais velhos e mais experientes, o que leva ao seu envolvimento excessivo em acidentes de viação. Os programas de formação de condutores baseados em computador revelaram-se eficazes na formação de condutores em competências como a perceção do perigo, que não era ensinada nos cursos normais de formação de condutores. Embora tenham sido bem-sucedidos nos casos avaliados num simulador e no terreno, tanto quanto é do nosso conhecimento, nenhum programa de formação em antecipação do perigo se centrou em ensinar os condutores a antecipar perigos em situações complexas em que a antecipação do perigo exige mais do que um olhar para o perigo. Tracy et al. (2014) realizaram um estudo num simulador de condução para avaliar a eficácia de um programa de formação, o Road Aware (RA), para treinar os condutores a procurar perigos em cenários de estrada em que a antecipação de um perigo requer entre um e três olhares. O estudo envolveu 48 participantes que conduziram 18 cenários num simulador enquanto os seus movimentos oculares eram registados. Os resultados do estudo sugerem que a AR A formação foi eficaz para ensinar os jovens condutores a antecipar os perigos e que o efeito da formação foi ainda maior nas situações complexas que exigiam mais do que um olhar. Para cenários de baixa complexidade que requerem um olhar de antecipação do perigo, os participantes com AR fizeram o olhar correto 76% das vezes, em comparação com 58% dos participantes com placebo, uma diferença de 17 pontos percentuais. A diferença aumentou para 28 pontos percentuais nos cenários de complexidade média que exigiam dois olhares (63% AR, 35% placebo) e para 33 pontos percentuais nos cenários de complexidade elevada que exigiam três olhares (42% AR, 9% placebo).

Um dos principais objectivos de muitos estudos baseados em simuladores de condução consiste em compreender a eficácia com que os condutores seguem as mensagens de aviso. Um estudo recente de Brittany et al. (2014) analisou se os painéis de mensagens dinâmicos (DMS) têm um efeito adverso no fluxo e na segurança do tráfego devido ao abrandamento do tráfego resultante da leitura da mensagem de segurança. Foram analisadas as flutuações de velocidade dos condutores na proximidade de dois painéis de mensagens dinâmicas com conteúdos qualitativos e quantitativos numa autoestrada e numa via rápida. Não se verificou uma redução estatisticamente significativa da velocidade dos condutores ao lerem a mensagem quantitativa numa autoestrada com um limite de velocidade de 88,5 km/h (55 mph). Em correlação com a análise da velocidade, a maioria dos sujeitos acreditava que a sua redução de velocidade era insignificante. No entanto, a velocidade média diminuiu em 4,3 km/h (2,6 mph) para ler a mensagem quantitativa num sinal montado numa autoestrada de 105 km/h (65 mph). Embora se considerasse provável que os DMS afectassem a velocidade dos condutores rápidos, verificou-se que funcionavam com segurança como ferramentas de gestão do tráfego.

Ardeshiri et al. (2013) utilizaram uma abordagem híbrida que incorpora um simulador de condução em conjunto com um inquérito de preferência declarada (SP) para analisar o comportamento de resposta do condutor sob orientação de rota em tempo real através de DMS. Procura compreender melhor os factores que afectam as decisões de escolha de itinerário, colmatando algumas das principais lacunas que limitam a aplicabilidade das abordagens SP. É utilizada uma rede de 400 quilómetros quadrados no sudoeste da área metropolitana de Baltimore para a análise baseada em simuladores de condução, com mais de 100 participantes. Os resultados ilustram que as cargas cognitivas sentidas durante a condução, a exposição anterior ao DMS, a fiabilidade da informação do DMS, as percepções pessoais e a experiência anterior são determinantes importantes dos comportamentos de resposta do condutor no mundo real. Além disso, para além do tempo de viagem, a inércia e os efeitos de ancoragem podem influenciar significativamente as decisões de escolha. O estudo também ilustra que as decisões reveladas nas experiências em simulador a nível individual podem divergir significativamente das declaradas no questionário SP, salientando a necessidade de ir além da intenção declarada para analisar a eficácia das estratégias de orientação baseadas na informação.

Em resumo, as aplicações generalizadas do simulador de condução confirmaram que este é, de facto, uma ferramenta eficaz e poderosa para estudar a conceção das estradas, os comportamentos de condução e várias questões de segurança quando a recolha maciça de dados do mundo real é tecnicamente difícil.

2.8 Resumo da revisão da literatura

Devido ao envelhecimento das estradas e infra-estruturas dos EUA, o governo federal e as agências estatais estão a atribuir uma maior percentagem de fundos para a reparação e manutenção das estradas existentes, bem como para a construção de novas estradas. Por conseguinte, o número de zonas de trabalho está a aumentar, o que causa um risco acrescido de acidentes mortais e acidentes relacionados, tanto para os condutores como para os trabalhadores. Atualmente, estão em vigor dois tipos de sistemas de aviso para orientar os condutores nas zonas de trabalho. Na maioria das zonas de trabalho, são colocados sinais de aviso estáticos MUTCD para avisar os condutores da existência da zona de trabalho e das suas configurações. O principal objetivo desta sinalização estática é incentivar a redução da velocidade para aumentar a segurança, com pouca consideração pela mobilidade afetada na zona de trabalho. Em alternativa, os sistemas dinâmicos de fusão de zonas de trabalho são utilizados em algumas zonas de trabalho onde os padrões de fluxo de tráfego variam muito. Este capítulo analisou as medidas de segurança tradicionais, bem como as tecnologias mais recentes baseadas no conceito de veículo conectado (*ou* seja, o sistema P2V e o sistema DSAS) implementadas em zonas de trabalho. Embora tenham sido efectuados muitos testes-piloto sobre tecnologias de veículos conectados, a aplicação destes métodos é reduzida devido ao seu elevado custo e a questões de segurança. Assim, há potencial para encontrar novas tecnologias para implementar a tecnologia de veículos conectados de forma mais barata e fiável. As mensagens de aviso baseadas em smartphones podem ser um candidato adequado para preencher esta lacuna e garantir a segurança nas zonas de trabalho.

CAPÍTULO 3
CONCEPÇÃO DO ESTUDO

3.1 Metodologia

A Figura 5 ilustra este fluxograma que representa todo o quadro de investigação da presente tese.

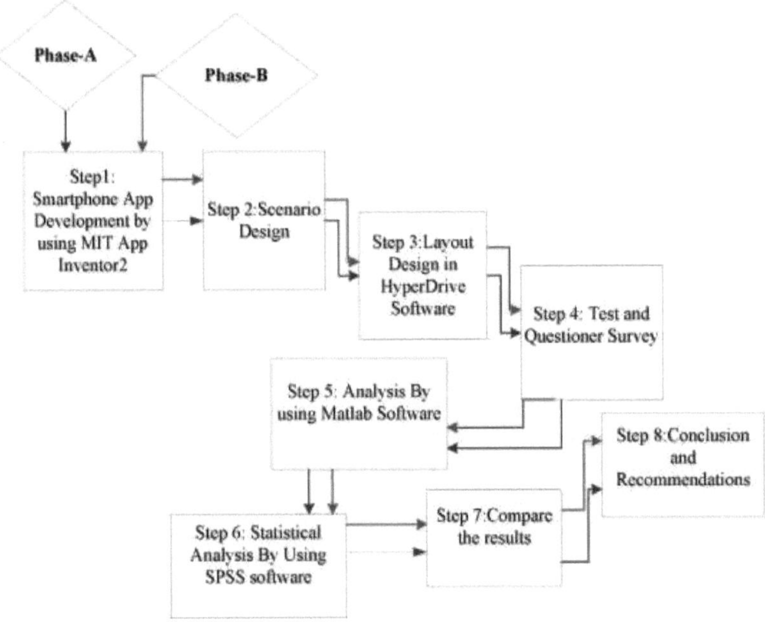

Figura 5 Quadro de investigação

3.2 Preparação da mensagem de aviso com o MIT APP Inventor

Para este estudo de investigação, foram desenvolvidas duas aplicações de mensagens de aviso baseadas em smartphones, Safe Forward Collision Warning (SFCW) e Safe Worker to Driver (SWD), com o inventor da APP do Massachusetts Institute of Technology (MIT)2.

O App Inventor2 é uma aplicação Web de código aberto baseada na nuvem, originalmente fornecida pela Google. Foram executados os seguintes passos para o processo de desenvolvimento da aplicação.

3.2.1 Passos para criar a aplicação para smartphone

Os principais passos para preparar a aplicação de mensagens de aviso incluíram a instalação da aplicação MIT AI2 Companion e a configuração das funções incorporadas relevantes.

Etapa 1: Instalação do software de configuração do App Inventor

A aplicação MIT AI2 Companion e o leitor de código QR foram descarregados e instalados no smartphone utilizado para este estudo.

Segue-se o procedimento para preparar o inventor da aplicação

- Obter Foi criada uma conta Google,

- O Start AppInventor em http://ai2.appinventor.mit.edu/.com foi lançado,
- AppInventor era composto por três funções,
- Os activos de design foram compilados,
- Bloqueia o editor-comando para a execução da função foi bloqueado, e
- Foi lançado o emulador - dispositivo móvel virtual

Passo 2: Configuração de funções incorporadas para o desenvolvimento de aplicações

Para iniciar o desenvolvimento da aplicação, foi criado um novo projeto através da conta Google (Figura 6 e Figura 7) que foi criada no procedimento anterior. O procedimento seguinte descreve o desenvolvimento da aplicação de mensagens de aviso

- Arrastar e largar componentes do AppInventor,
- Atribuição de um nome adequado (neste estudo, "Trabalhador seguro"),
- Carregou outros recursos (imagens, sons) e deu-lhes nomes, e o Forneceu comandos aos recursos para serem executados no Blocks Editor

Figura 6 Instantâneo do bloco de design do MIT App Inventor 2

Figura 7 Instantâneo do editor de scripts do MIT App Inventor 2

Etapa 3: Carregamento do ficheiro desenvolvido no smartphone:

Depois de a aplicação ter sido desenvolvida na conta Google, foi enviada por correio eletrónico como ficheiro .apk para o smartphone a utilizar no estudo do simulador de condução.

3.2.2 Proposta de sistema de mensagens de aviso aos trabalhadores baseado em smartphones

Nesta investigação, foi desenvolvida uma aplicação SFCW baseada em smartphone na Fase A e na Fase B "SWD" para enviar mensagens de aviso aos condutores através dos seus smartphones. Este sistema desenvolvido é uma aplicação baseada em Android que pode ser facilmente descarregada para qualquer smartphone compatível no mercado global atual. Neste estudo, o smartphone tinha a aplicação pré-instalada que pode detetar se existe uma zona de trabalho à frente com base na posição de geo-localização do telefone. As mensagens de aviso, incluindo avisos sonoros e de voz, serão activadas para alertar o condutor quando a localização geográfica e a direção de condução do condutor coincidirem.

A comunicação entre o smartphone do condutor e o servidor de gestão ITS baseado na nuvem será mantida através de um sistema de rede Wi-Fi ou telefónica ou de um sistema DSRC de 5,9 GHz. Haverá um conjunto de mensagens de aviso que estarão disponíveis assim que a aplicação for descarregada. No estudo da Fase A, foram criados quatro tipos de mensagens de aviso, incluindo avisos visuais, sonoros e de voz masculina e feminina, enquanto na Fase B foram desenvolvidos três tipos de mensagens de aviso, incluindo som, voz masculina e voz feminina, e foram efectuados testes para determinar a sua eficácia comparativa.

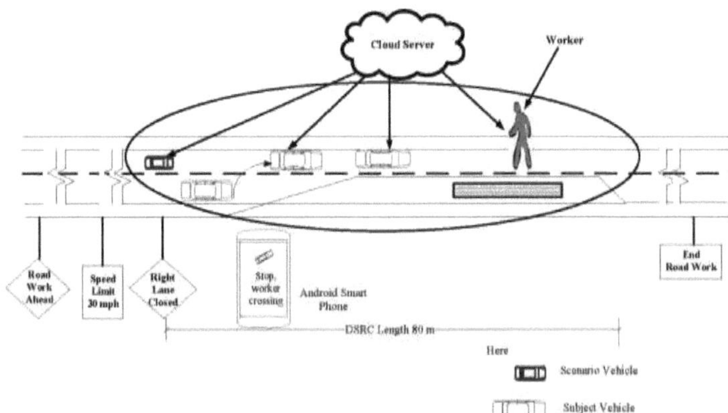

Figura 8 Quadro concetual da presente investigação para a transferência de mensagens

Para o estudo da Fase-A, foi utilizado um sistema de comunicação com um alcance de 130 m. Para a Fase-A, durante os testes em que o veículo em questão se encontrava dentro deste alcance de 130 m, foram geradas mensagens de aviso para alertar o condutor sobre a presença do camião através da comunicação Bluetooth, enquanto que para a Fase-B, o veículo em questão foi alertado quando atingiu a proximidade do alcance de comunicação de 80 m através da comunicação Bluetooth entre o veículo em questão e os peões.

3.3 Teste do simulador de condução

Neste estudo, a conceção e o teste do sistema de aviso foram efectuados com um simulador DriveSafety DS-600c. Este simulador foi selecionado devido às suas caraterísticas avançadas de alto desempenho, alta fidelidade e desempenho totalmente integrado. Dispõe de um sistema audiovisual multicanal com opções de visualização de 180°, 240°, 300° e 360°. Possui todas as caraterísticas de uma cabina de automóvel real, por exemplo, para-brisas, bancos, painel de instrumentos completo, volante, travões e sistemas de aceleração. O participante pode conduzir este simulador como um automóvel em tempo real e, como tal, podem ser recolhidos em tempo real dados (até 60 registos por segundo) relacionados com a aceleração, a travagem, a velocidade e as distâncias de avanço.

3.3.1 Participantes (Fase A e Fase B)

Um total de 24 participantes, incluindo 12 mulheres e 12 homens com cartas de condução válidas, foram selecionados para este teste. A composição dos participantes seguiu os dados demográficos de Houston - género, idade e nível de escolaridade - conforme ilustrado na Tabela 1 do censo de 2010. A Tabela 1 ilustra a distribuição da idade e do nível de escolaridade dos condutores recrutados.

Quadro 1 Dados demográficos dos sujeitos com base nos dados dos Censos de 2010 em Houston

Assunto	Género		Idade				Educação	
	Masculino	feminino	sob 5	5 a 18	18 a 64	65+	Ensino secundário	Bacharelato
Houston Estatísticas	49.8%	50.2%	26.9%	26.9%	57%	9%	71%	29%
Distribuição ajustada	50%	50%	0%	25%	67%	8%	71%	29%
Número de participantes	12	12	0	6	16	2	17	7

A distribuição por género foi selecionada como sendo 50% de homens e 50% de mulheres.

3.3.2 Procedimento de ensaio (Fase-A)

Para familiarizar os participantes com o simulador de condução, foi organizado um período de treino adequado. Este teste foi concebido de forma a que cada participante necessitasse apenas de 10 minutos para completar os cinco cenários da simulação. Após o teste de condução, cada participante preencheu um questionário sobre a sua experiência com o simulador. Todo o processo da experiência, incluindo o processo de consentimento e o pós-ensaio de condução, foi realizado no simulador.

O questionário demorou cerca de 20 minutos. Para reduzir o enjoo experimentado no simulador, o percurso da estrada urbana foi concebido de forma a que os participantes apenas conduzissem por um caminho reto sem paragens. A Figura 9 mostra a colocação do smartphone na cabina do simulador de condução e a Figura 10 mostra o sujeito numa sessão de teste prático.

Figura 9 Vista da posição do smartphone no simulador de condução para a fase A

Figura 10 Sessão prática para a Fase-A

Cada participante teve de conduzir num total de cinco zonas de trabalho com diferentes cenários. Este teste foi efectuado em dezembro de 2014.

3.3.3 Processo de conceção e teste de cenários (Fase-A)

O traçado da zona de trabalho da estrada urbana foi elaborado de acordo com o Manual on Uniform Traffic Control Devices (MUTCD), com a faixa da direita fechada. De acordo com o MUTCD 2009, uma zona de trabalho típica está dividida em quatro áreas: a área de aviso prévio, a área de transição, a área de atividade e a área de terminação. A Figura 11 apresenta uma configuração padrão de uma zona de trabalho típica que é utilizada nesta investigação, incluindo quatro zonas principais.

Figure 11 **A configuração típica da zona de trabalho**

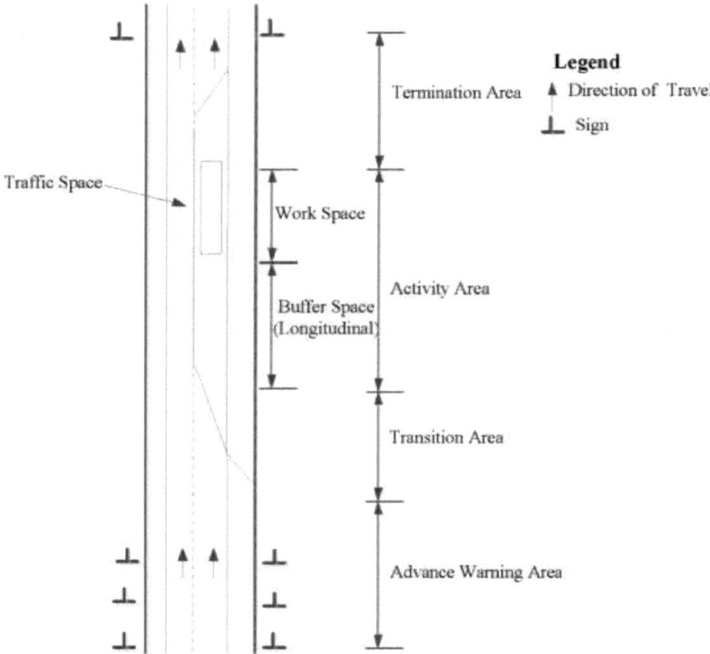

Figure 12 O quadro abaixo mostra a colocação dos sinais e o local de aviso do smartphone para os testes em simulador. O carro 2 é o veículo em questão, e o carro 1 é indicado como um veículo de travagem brusca

veículo. Este cenário foi criado para refletir o momento em que o automóvel 1, na faixa da esquerda, travou a fundo devido a um acidente na área de aviso prévio, onde o veículo em questão (automóvel 2) estava atrás de um camião. O condutor do automóvel 2 foi notificado da ocorrência do acidente pela aplicação para smartphone.

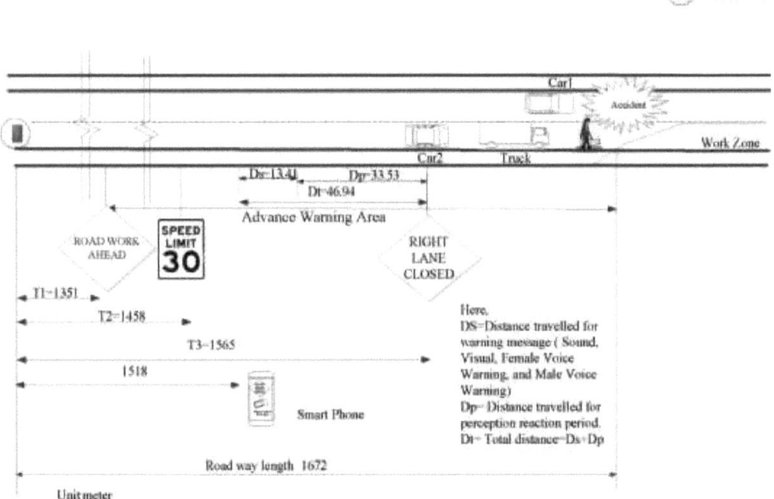

Figura 12 Colocação de sinais e local de aviso de smartphone para testes

Neste estudo, a eficácia das mensagens de aviso para alertar os condutores foi testada na área de aviso prévio de uma simulação de zona de trabalho numa estrada urbana.

Na Figura 12, T1 (trabalhos na estrada à frente), T2 (limite de velocidade) e T3 (via direita fechada) indicam a colocação de três sinais estáticos na área de aviso prévio com base na MUTCD. Foram estudados um total de cinco cenários com um comprimento de estrada de 2.000 m. Na Figura

12, o sujeito foi notificado por uma mensagem através de notificação sonora, visual, voz masculina ou voz feminina que durou um segundo, com um limite de velocidade de 30 mph (48 km/h ou 13,41 m/s), o veículo sujeito percorreu uma distância Ds = 1 x 13,41 = 13,41 m. De acordo com Chang et.al (1985) e Qiao et.al (2014), a reação de perceção é de 2,5 seg. para o percentil 95th . Neste teste, o tempo de reação utilizado foi de 2,5 segundos. A distância total necessária para a preparação da faixa de rodagem foi Dt = Ds + Dp = 13,411 + 33,53 = 46,94 m. Por conseguinte, para uma mudança segura de faixa de rodagem, as mensagens de aviso do estudo foram emitidas a 1.518 m. O cenário criado no simulador de condução era suficientemente urgente, uma vez que a visão frontal do veículo estava obstruída pela presença de um camião de grandes dimensões. Cada participante foi instruído a conduzir durante cinco cenários, conforme indicado na Tabela 2. Foram gerados avisos baseados em smartphones, incluindo "Colisão à frente, por favor pare", para notificar o condutor do veículo em questão sobre a presença dos veículos parados à frente, cuja visão estava obstruída por um camião. A Tabela 2 ilustra os cinco cenários diferentes na área de aviso prévio.

Quadro 2 Descrição de cinco cenários na zona de alerta prévio

Cenário	Mensagem	Conteúdo da mensagem em
1. Base	Não	Nenhum
2. Estudo	Visual	"Colisão à frente, por favor pare."
3. Estudo	Som	Bip de um segundo
4. Estudo	Voz masculina	"Colisão à frente, por favor pare."
5. Estudo	Voz feminina	"Colisão à frente, por favor pare."

No início dos testes formais, foi pedido a cada participante que efectuasse várias voltas ao longo das zonas de trabalho, para que se familiarizasse com o funcionamento do simulador e com o ambiente da zona de trabalho. Neste teste, os avisos a cada participante foram dados com base na Tabela 2. A Tabela 3 ilustra as 24 sequências de mensagens que foram seguidas no teste. Em cada cenário de teste, o veículo em questão começou a viajar na estrada urbana no ponto de 462 m com uma velocidade de 40 mph enquanto um camião pesado conduzia a uma velocidade de 30 mph a 814 m à frente do veículo em questão.

Quadro 3 Diferentes sequências de mensagens

Sequências	Sequência de mensagens				
1	B	V	S	M	F
2	B	S	M	F	V
3	B	M	F	V	S
4	B	F	V	S	M
5	B	V	S	F	M
6	B	S	F	M	V
7	B	M	F	S	V
8	B	F	V	M	S
9	B	V	F	M	S
10	B	S	F	V	M
11	B	M	V	S	F
12	B	F	S	V	M
13	B	V	F	S	M
14	B	S	M	V	F
15	B	M	V	F	S
16	B	F	S	M	V
17	B	V	M	S	F
18	B	S	V	M	F
19	B	M	S	F	V
20	B	F	M	V	S
21	B	V	M	F	S
22	B	S	V	F	M
23	B	M	S	V	F
24	B	F	M	S	V

Nota: Aqui B significa Base, S= som, V=visual, F=voz feminina e m=cenário de voz masculina

Na faixa adjacente, o automóvel 1, que é o veículo de ensaio, arrancou na posição de 888 m a uma velocidade de 30 mph. Devido a um embate súbito no final da área de aviso prévio, o automóvel

1 parou no local de 1.630 m. Isto obrigou o camião a parar no local de 1.635 m.

3.4 Conceção do cenário (Fase B)

Para testar a melhor opção de mensagem a partir do smartphone, o traçado da estrada urbana foi criado com base no MUTCD, com a faixa da direita fechada. Neste caso, o simulador de condução TSU DS-160 é apresentado na Figura 13.

Figura 13 Simulador de condução TSU DS-160 utilizado para a fase B

A Figura 14 apresenta um cenário no software Hyper-Driver com o ambiente de simulação. O movimento do trabalhador a partir da área de atividade da zona de trabalho simulada no Simulador de Condução DS-160 está representado nesta Figura.

Figura 14 Trabalhador sai no ensaio da Fase B

O trajeto da estrada urbana foi concebido de forma a que os participantes conduzissem apenas em linha reta e sem paragens. Deste modo, foi possível reduzir o enjoo provocado pelo simulador entre os participantes. A zona de aviso prévio é composta por três partes: Parte A (obras em frente), Parte B (limite de velocidade) e Parte C (via direita/esquerda fechada). Neste teste, o limite de velocidade da estrada urbana foi fixado em 40 mph. Especificamente, a área de aviso prévio começou em 1.351 m e terminou em 1.672 m, como mostra a Figura 15. No ensaio, o limite de velocidade da estrada urbana foi fixado em 40 mph.

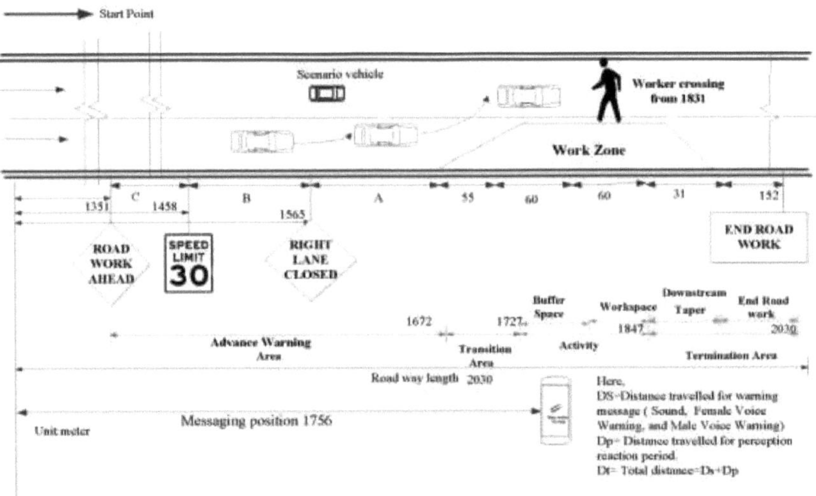

Figura 15 Ilustração de um sistema avançado de mensagens de aviso baseado num smartphone

A zona de transição começa imediatamente a seguir à zona de avanço dos trabalhos, e destina-se a aconselhar o condutor a mudar de faixa de rodagem se for necessário um redireccionamento. Esta zona iniciava-se nos 1.672 m e terminava nos 1.727 m. A zona de atividade é a zona onde se realizam as actividades de reparação da estrada. Neste esquema, a zona de atividade começava em 1727 m e terminava em 1847 m. Foi considerado um espaço de segurança de 60 m e um espaço de trabalho de 60 m. A área de término iniciava-se em 1847 m e encerrava-se em 2030 m.

3.4.1 Processo de teste (Fase B)

O teste foi concebido para transmitir três tipos de mensagens, som, voz feminina e voz masculina, através do smartphone sobre o trabalhador que atravessa a zona de atividade na zona de trabalho. O veículo em questão partiu de uma posição de 780 m e enfrentou duas situações: (a) um veículo parado na área de aviso avançado no ponto de junção e (b) um trabalhador a atravessar a estrada a 2 mph na zona de atividade. No total, foram examinados quatro cenários com um comprimento de estrada de 2030 m. Na Figura 15, o indivíduo foi avisado por mensagem sonora, visual, voz masculina ou feminina com a duração de um segundo, com um limite de velocidade de 30 mph (48 km/h ou 13.41 m/s), e o veículo em questão percorreu uma distância de *Dm* = 1 x 13,41 = 13,411 m. De acordo com o Departamento de Transportes do Texas (TxDOT), a distância de visibilidade de paragem é a soma da distância de reação do travão e da distância de travagem, em que o tempo de reação de perceção também inclui 2,5 segundos. Neste teste, a velocidade de projeto foi de 30 mph. Por conseguinte, a distância visual de paragem calculada *Dsd*= 110,3+ 86,4=200 pés (61m). A distância total para a paragem aqui foi *Dt* = *Dm* + *Dsd* = 13,411 + 61=74,41 m. Por conseguinte, para garantir que o condutor não atingia o trabalhador, as mensagens de aviso no estudo foram fornecidas na posição de (1.831-74,41) m =1.756 m. Cada participante foi instruído para conduzir durante quatro cenários, conforme apresentado na Tabela 4. Foram gerados avisos baseados em smartphones de "Pare, trabalhador a atravessar" para informar o condutor do veículo em causa sobre o trabalhador a atravessar. A Tabela 4 ilustra as preferências de mensagens dos quatro cenários diferentes na área de atividade.

Quadro 4 Cenários diferentes com opções de mensagem diferentes

Cenário	Opção de	Síntese da mensagem em
1. Base	Não	Nenhum
2. Estudo	Som	Um segundo sinal sonoro
3. Estudo	Voz masculina	"Pára, trabalhador a atravessar"
4. Estudo	Voz feminina	"Pára, trabalhador a atravessar"

As mensagens foram aleatórias para este teste, exceto no cenário de base. Neste teste, havia exatamente seis sequências seguidas de três combinações. Para obter os melhores resultados, estas seis sequências foram repetidas na Tabela 5 quatro vezes, o que totaliza 24 sequências, como mostra a Tabela 5.

Quadro 5 Sequência diferente de mensagens

Seis	Sequência de mensagens			
1.	B	S	M	F
2.	B	S	F	M
3.	B	M	F	S
4.	B	M	S	F
5.	B	F	S	M
6.	B	F	M	S

Nota: Aqui B significa Base, S= som, F= voz feminina e m= cenário de voz masculina

O teste foi preparado de forma a que cada participante necessitasse apenas de 10 minutos para concluir os quatro cenários da simulação. Após a conclusão do teste de condução, foi pedido a cada participante que preenchesse o questionário de inquérito sobre a sua experiência no simulador. No total, cada participante necessitou de cerca de 25 minutos, incluindo o processo de consentimento e o questionário pós-condução.

3.5 Recolha e análise de dados

Nesta investigação, para a Fase-A e a Fase-B, os dados dos cenários foram recolhidos a partir do software Hyperdrive. O cenário de simulação de condução foi construído com base nos parâmetros de tráfego e de estrada da área de estudo do mundo real, tais como tipos de estrada, número de faixas de rodagem e comprimento da estrada. Os accionadores necessários foram colocados em locais no início de cada tipo de estrada diferente e da zona de trabalho urbana, e foram criados sinais estáticos. No simulador de condução, os cenários tinham de funcionar em Tiles, Ferramentas de Cenário, Entidades, Entidades Estáticas e Navegador de Objectos Mundiais. A Figura 16 mostra uma imagem das janelas de acionamento e de script do Hyper-Driver.

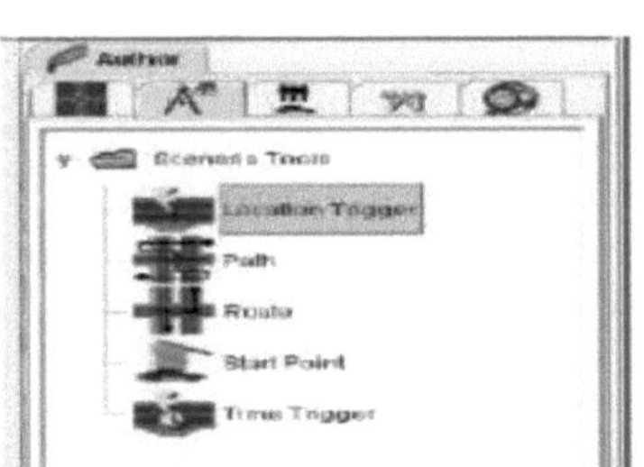

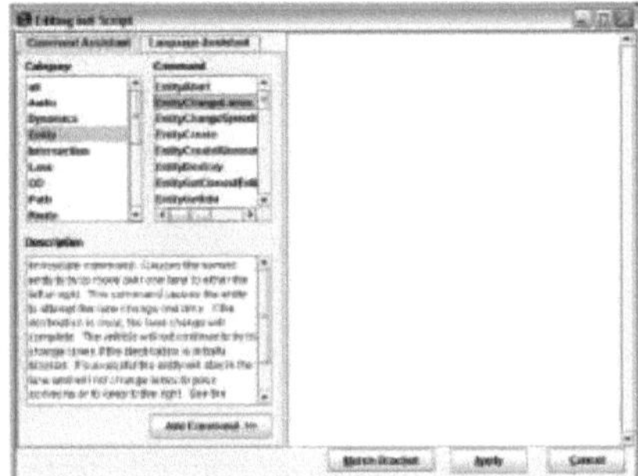

Figura 16 Gatilhos e editor de scripts no simulador de condução

O guião para cada acionamento foi codificado para controlar todo o cenário da zona de trabalho. O teste de simulação de condução foi realizado com os dados da atividade de condução segundo a segundo. Depois de terminar o teste do simulador de condução, a análise dos dados foi efectuada utilizando o software Matlab.

CAPÍTULO 4
RESULTADOS E DISCUSSÃO

4.1 Resultados da fase A

O desempenho de condução em simulador de 24 participantes em diferentes cenários foi analisado com base nos dados gerados pelo software Hyper-Driver. Nesta análise, foram calculadas quatro medidas de eficácia (MOE) para avaliar o desempenho do condutor na área de aviso prévio:

- Diferença de tempo de percurso entre o veículo em causa e o camião,
- Diferença de distância entre o veículo em causa e o camião,
- Velocidade e
- AceleraçãoVcleceleração

Aqui, para efeitos de análise comparativa, o MOE foi utilizado para avaliar o comportamento de condução dos participantes em diferentes cenários de teste. Para examinar a significância dos resultados destes testes, foi efectuado *o teste-t emparelhado* pelo software SPSS para comparar o desempenho de condução dos participantes.

4.1.1 Impacto no tempo de percurso:

A Figura 17 mostra o tempo de percurso em função da posição do veículo em causa. Indica claramente que o cenário de base teve o pior desempenho em termos de segurança em comparação com os outros quatro cenários. Sem aviso, o tempo de avanço entre o veículo visado e o camião foi inferior ao dos outros cenários. Este gráfico ilustra que uma mensagem de voz, tanto masculina como feminina, resultou num tempo de percurso mais elevado do que os outros modos de aviso, em comparação com o cenário de base. A voz feminina, em particular, foi a que provocou o maior tempo de paragem. A voz masculina e o aviso sonoro tiveram o segundo e o terceiro maiores tempos de percurso, respetivamente.

Na Figura 17, observa-se que, em geral, o aviso de voz feminina teve a maior influência nos comportamentos de condução dos participantes. Por exemplo, depois de ouvir a mensagem de aviso feminino, os veículos dos participantes tentaram mudar de faixa a 1.565 m, e alguns condutores travaram a 1.580 m e outros desaceleraram a 1.605 m. Foi observado um comportamento de condução semelhante com a mensagem de aviso vocal masculino.

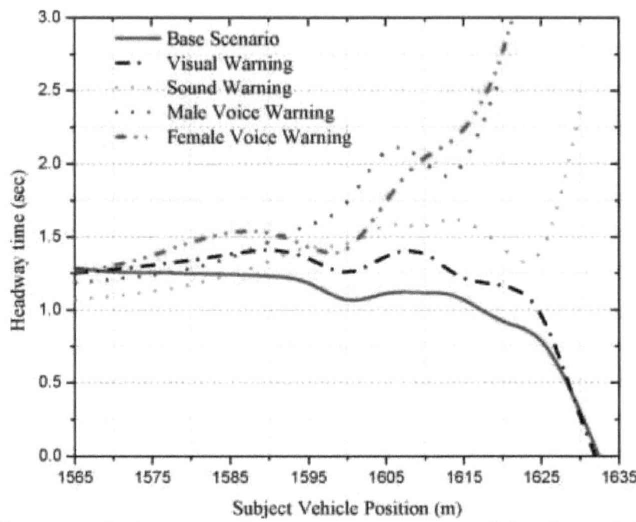

Figura 17 Comparação do tempo de percurso com os cenários de posição do veículo em causa

A diferença de tempo de percurso entre o caso base e o aviso vocal (masculino e feminino) e o som foi considerada estatisticamente significativa com um *teste-t emparelhado* a 95% (P-value = 0,005, 0,000, e0,134, respetivamente). No entanto, não se registou diferença estatisticamente significativa entre o cenário de base e o aviso visual (*valor P* = 0,48).

4.1.2 Impacto na distância até ao ponto de partida

A distância de passagem foi correlacionada com o nível de gravidade dos potenciais conflitos. Quanto mais elevada for a distância entre eixos, menor será a probabilidade de a mudança resultar num conflito. A partir do gráfico da diferença de distância em relação à posição do veículo em causa na Figura 18, o cenário de base apresentava uma distância em relação à faixa de rodagem que diminuía gradualmente, indicando o pior desempenho em termos de segurança.

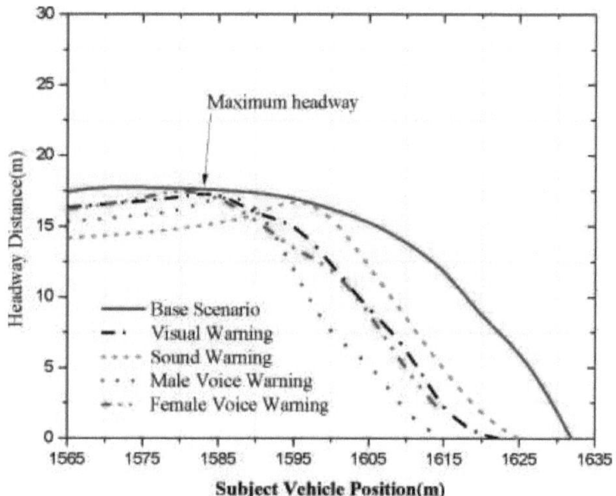

Figura 18 Comparação da distância de passagem com os cenários de posição do veículo em causa

No caso de um aviso vocal (em voz masculina e feminina) e de um aviso sonoro, a distância de passagem aumentou nos pontos 1.582, 1.587 e 1.595. Estes gráficos indicam que a distância entre os veículos aumentou (da posição 1565 para 1590 m aproximadamente) para as mensagens de aviso sonoro e vocal.

Isto indica que a maioria dos participantes foi capaz de seguir a mensagem de aviso. De um modo geral, as tendências nas distâncias de passagem indicam que os condutores conseguiram manter uma distância segura do camião em resultado dos avisos sonoros e vocais (tanto masculinos como femininos).

A diferença na distância entre o caso de base e o aviso sonoro (homens e mulheres) foi estatisticamente significativa com o *teste Paired-T* a 95% (*P-value* = 0,001 e 0,001, respetivamente). Da mesma forma, existia uma diferença estatisticamente significativa entre o caso de base e o aviso sonoro (*P-value* = 0,002). No entanto, não houve diferença estatisticamente significativa entre o cenário de base e o aviso visual (*P-valor* = 0,720*)*.

4.1.3 Impacto na velocidade

Na zona de aviso prévio de uma zona de trabalho, os condutores ficam por vezes confusos quanto à adoção do limite de velocidade indicado. A diferença de velocidade potencial é uma das principais causas de conflitos numa zona de aviso prévio. A velocidade é uma medida substituta eficaz para a segurança numa zona de trabalho. O gráfico da Figura 19 mostra que a redução da velocidade foi mais elevada para o aviso vocal (masculino e feminino) entre outros cenários.

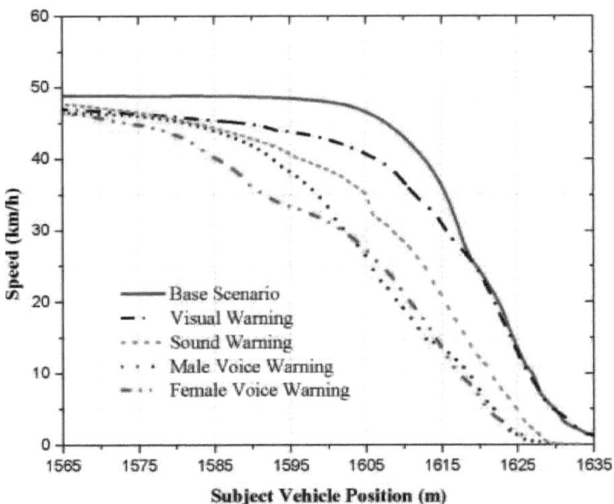

Figura 19 Comparação da velocidade com os cenários de posição do veículo em causa

Os resultados da comparação entre os *valores de P* do teste de significância de 95% obtidos na base com o modo de opção de voz feminina e masculina mostraram que houve uma diferença significativa entre as velocidades médias de voz feminina e masculina, enquanto não houve diferença entre os avisos visuais e sonoros. Os *valores de P* obtidos com intervalo de confiança de 95% para o modo de mensagem feminino e masculino foram de 0,002 e 0,004, respetivamente. Para as opções de mensagem visual e sonora, os *valores de P* correspondentes foram 0,789 e 0,079, respetivamente. Os resultados da análise comparativa mostraram que a voz feminina e masculina tinham uma velocidade média de 30 km/h e 31 km/h, respetivamente, enquanto o valor da velocidade média do cenário de base era de 46 km/h.

4.1.4 Impacto na aceleração/desaceleração

Para uma investigação sobre segurança, a aceleração e a desaceleração são medidas de desempenho eficazes, uma vez que indicam a gravidade potencial do evento de conflito. A desaceleração foi registada para avaliar o desempenho de condução dos participantes em cinco cenários. A Figura 20 ilustra a distribuição da aceleração dos veículos em diferentes cenários de ensaio. Este gráfico demonstrou que, entre os cinco cenários, a média da taxa de desaceleração dos 24 participantes foi semelhante. No entanto, 3 pessoas demonstraram uma desaceleração máxima em 1.615 pontos. Entre os outros quatro cenários de estudo na Fase-A, mesmo os participantes mais rápidos conseguiram iniciar a desaceleração mais cedo com o aviso de voz.

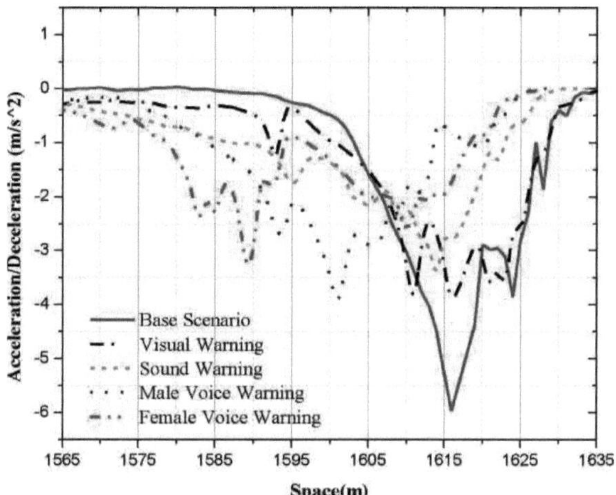

Figura 20 Comparação da taxa de aceleração com os cenários do diagrama espacial

A diferença estatística entre as desacelerações máximas no cenário de referência e no cenário de estudo para a voz (masculina e feminina) e o som foi significativa (*valores de P* = 0,000, 0,004 e 0,000, respetivamente). No entanto, não foram encontradas diferenças significativas no caso do aviso visual em comparação com o cenário de base (*valores de P* = 0,108).

Este resultado indicou que a mensagem de aviso de colisão frontal baseada no smartphone contribuiu para um comportamento de condução mais suave na área de aviso prévio de uma zona de trabalho, melhorando assim a segurança.

4.1.5 Distância de reação do travão

A partir da Figura 21, os efeitos do sistema de aviso são evidentes na distância de ladrar dos participantes.

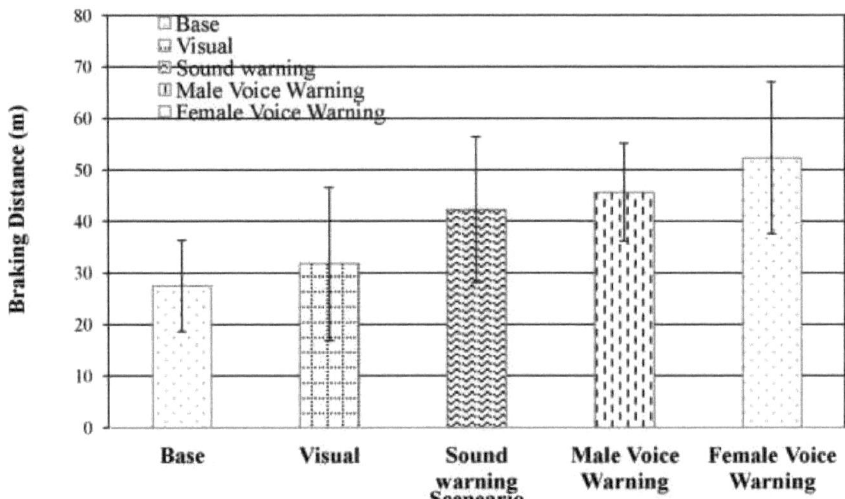

Figura 21 Comparação da distância de reação dos travões em diferentes cenários

Com a ajuda do aviso vocal (tanto para homens como para mulheres), os participantes conseguiram travar cerca de 45-52 m atrás do local do acidente na zona de aviso prévio. Da mesma forma, com um aviso sonoro, os participantes conseguiram travar mais cedo do que com os avisos visuais e de base. Estes resultados indicam que o som e os avisos de voz masculina e feminina ajudaram os participantes a travar antes de o veículo se aproximar do local do acidente.

Quadro 6 Média e desvio-padrão para cinco cenários

Travão Reação Distância	Base Cenário	Visual Aviso	Som Aviso	Masculino Aviso por voz	Feminino Aviso por voz
Média	27.45	31.70	42.23	45.59	52.24
SD	8.86	14.89	14.11	9.50	14.76

A Tabela 6 apresenta os valores da média e do desvio-padrão do teste. O valor médio para o aviso de voz feminino foi o mais elevado, mas os valores do desvio-padrão foram bastante elevados. Isto significa que o comportamento de condução dos participantes foi desviado com a mensagem de aviso feminina. Um padrão semelhante também foi observado no caso da mensagem de aviso visual. *Os valores de P* calculados com um intervalo de confiança de 95% para as opções de mensagem feminina e masculina foram de 0,000 e 0,000, respetivamente. Também foram observados resultados semelhantes para os avisos sonoros. Para as opções de mensagem do aviso visual, *os valores de P* correspondentes foram de 0,142.

4.2 Inquérito pós-questionário Fase-A

Os resultados do questionário pós-teste revelaram que 80% dos participantes no teste indicaram que a mensagem de aviso de colisão frontal baseada no smartphone aumentaria a condução defensiva do condutor. Os resultados do inquérito revelaram que 75% dos participantes queriam instalar este sistema nos seus smartphones, enquanto 25% dos participantes não queriam instalar esta aplicação móvel nos seus smartphones.

Durante o teste, 60% dos participantes seguiram com êxito o aviso do smartphone, enquanto apenas 40% dos indivíduos obedeceram ao sinal de trânsito e ao limite de velocidade numa rua urbana. 70% dos condutores consideraram que a instrução/aviso áudio não aumentou a carga de trabalho do condutor, enquanto 30% afirmaram que aumentou a carga de trabalho. 75% dos participantes concordaram que este alerta os ajudou a parar atrás do camião grande na área de aviso prévio. Entre as quatro mensagens de aviso, 45% dos participantes gostaram do aviso de voz feminina, enquanto apenas 2% gostaram da mensagem de aviso visual. As percentagens que gostaram da voz masculina e do aviso sonoro foram de 40% e 13%, respetivamente. Os resultados do inquérito fornecem uma boa indicação da escolha dos participantes relativamente ao tipo de avisos sonoros.

4.3 Resultados da fase B

O desempenho de condução em simulador de vinte e quatro participantes em diferentes cenários foi analisado com base nos dados gerados pelo software Hyper-Driver. Nesta análise, foram calculadas quatro medidas de desempenho de eficácia (MOE) para avaliar o desempenho do condutor na área de atividade da zona de trabalho. Os índices de medida de desempenho foram a velocidade, as variações de velocidade, a aceleração e a distância de travagem.

4.3.1 Influência da velocidade

A diferença de velocidade potencial é uma das principais causas de conflito numa zona de atividade. Na Figura 22, o eixo X indica a posição do veículo sujeito e o eixo Y é a velocidade média mencionada de vinte e quatro participantes neste estudo. Quando a mensagem é transmitida no ponto de 1.756 m, verificam-se poucas diferenças entre os cenários de estudo (avisos sonoros, vocais masculinos e femininos) e o cenário de base. Para os avisos sonoros (voz masculina e voz feminina), o perfil de velocidade diminuiu gradualmente do ponto 1773 m para 1814 m; a partir desse ponto, a velocidade para estes dois cenários aumentou gradualmente.

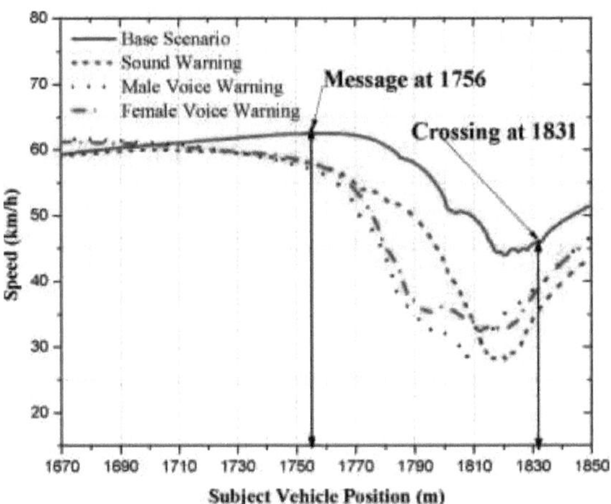

Figura 22 Comparação da velocidade com os cenários de posição do veículo em causa

Além disso, para o aviso sonoro, o perfil de velocidade diminuiu acentuadamente do ponto 1.779 m para 1.815 m e manteve-se estável de 1.815 m para 1.824 m. Para os avisos sonoros e de voz masculina e feminina, a velocidade diminuiu de 60 km/h para 30 km/h. Por outro lado, para o cenário de base, o perfil de velocidade baixou de 60 km/h para 45 km/h dos 1794 m para os 1831 m, muito próximo da posição de passagem de peões. Isto significa que, sem o aviso do smartphone, os participantes ficariam confusos quanto à adoção de uma velocidade segura na área de atividade. De um modo geral, as tendências no perfil de velocidade implicavam que os condutores conseguiam manter uma boa velocidade enquanto viajavam na zona de atividade em resultado do som e das mensagens de voz (masculinas e femininas). O teste *Paired-t* através do teste estatístico IBM SPSS foi efectuado para avaliar a significância estatística dos vários métodos de aviso para o perfil de velocidade. Neste teste *Paired-t*, foram avaliadas três posições de veículos sujeitos (1.790, 1.810 e 1.831 m) na Tabela-7 devido à existência de grandes diferenças de medidas de velocidade. Como diretriz geral, se o *valor de* p for inferior a 0,05 para um intervalo de confiança de 95%, então o resultado será considerado estatisticamente significativo.

Tabela 7 Resultados *do teste T pareado* para a velocidade a 1.790 m, 1.810 m e 1.830 m

1,790 m	Cenários	Média	SD	Valor *P*
Par 1	B	57.94	17.23	0.113
	S	49.74	14.7	
Par 2	B	57.94	17.23	0.001
	M	35.27	17.23	
Par 3	B	57.94	17.23	0.002
	F	37.11	22.73	
1,810 m	Cenários	Média	SD	Valor *P*
Par 1	B	49.7	23.07	0.009
	S	33.7	14.83	
Par 2	B	49.7	23.07	0.001
	M	29.8	16.00	
Par 3	B	49.7	23.07	0.003
	F	33.7	13.64	
1,831m	Cenários	Média	SD	Valor *P*
Par 1	B	45.6	22.9	0.023
	S	34.2	10.74	
Par 2	B	45.6	22.9	0.128
	M	38.5	9.27	
Par 3	B	45.6	22.9	0.109
	F	37.8	9.29	

O teste t global emparelhado com um intervalo de confiança de 95% mostrou que, na posição de 1790 m, os avisos de voz tiveram um efeito estatisticamente significativo (masculino, p = 0,001 e feminino, p = 0,002) no controlo da velocidade. No ponto de 1810 m, todos os avisos tiveram uma redução de velocidade estatisticamente significativa (Homem, p = 0,001 e Mulher, p = 0,003, Som, p = 0,009) em comparação com o cenário de base. Curiosamente, no ponto de 1.830 m, o aviso sonoro foi estatisticamente significativo (p=0,023). Isto indica que, com a ajuda de um aviso vocal (masculino e feminino), os condutores podem reduzir rapidamente a velocidade (num raio de 50 m). Embora o aviso sonoro tenha sido eficaz, só o foi depois de percorrer distâncias superiores a 50 m.

4.3.2 Variações de velocidade

A distribuição da frequência da velocidade é outro indicador importante para identificar a velocidade dos participantes num ponto específico. Nas Figuras 23 a 27, o gráfico mostra a distribuição da frequência da velocidade em cinco pontos diferentes da área de atividade da zona de trabalho: 1 750 m (antes da mensagem), 1 756 m (posição exacta de transmissão da mensagem), 1 790 m, 1 810 m (dois locais diferentes após a transmissão da mensagem) e 1 831 m (posição de passagem do trabalhador).

Variações de velocidade a 1.750 m (antes da mensagem de aviso) A partir da Figura 23, observa-se que, na posição de 1.750 m, os participantes no cenário de base estavam predominantemente a uma frequência de velocidade de 50-60 km/h e 60-70 km/h, respetivamente.

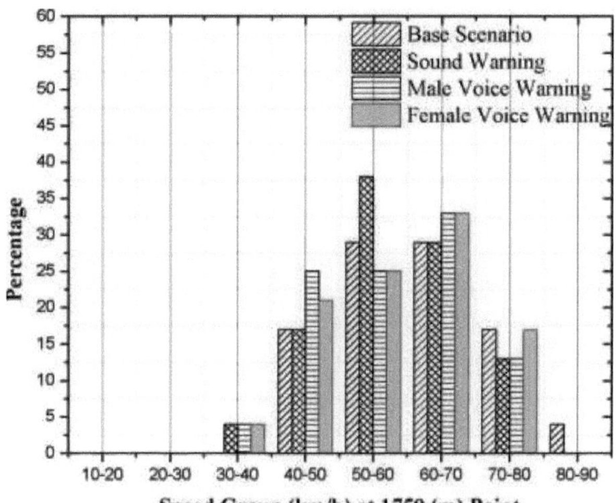

Figura 23 Comparação dos diferentes cenários de variação da velocidade a 1.750 m

Do mesmo modo, noutros cenários, incluindo a voz masculina, a voz feminina e o aviso sonoro, os participantes encontravam-se predominantemente entre os 50-60 km/h e os 60-70 km/h.

- Variações de velocidade a 1.756 m (localização da mensagem de aviso)

Na Figura 24, a frequência de velocidade é representada para a posição 1,756 m, que se situa a 75 m da posição de atravessamento do trabalhador. No cenário de base, a frequência de velocidade mais elevada ocorreu na gama de velocidades de 60-70 km/h.

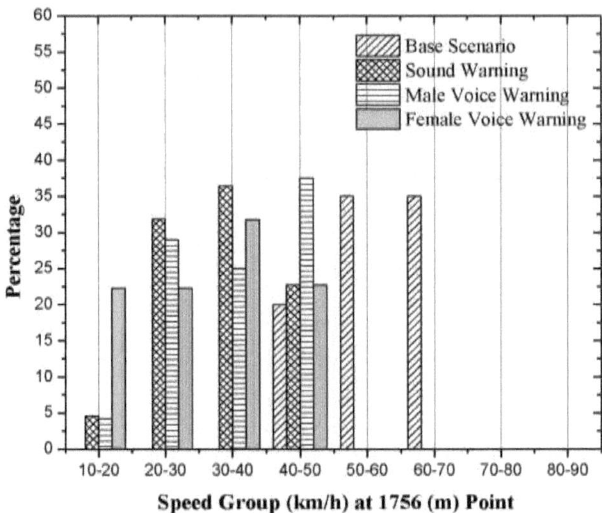

Figura 24 Comparação dos diferentes cenários de variação da velocidade a 1,756 m

Para os cenários sonoros e de voz feminina, os valores mais elevados de frequência de velocidade situavam-se na gama de velocidades de 30-40 km/h, enquanto que para o aviso de voz masculina, o valor mais elevado de frequência de velocidade era de 40-50 km/h.

-Variações de velocidade a 1.790 m (após mensagem de aviso)

Na Figura 25, a 1.790 m, a frequência de velocidade mais elevada para o cenário de base situa-se na gama de velocidades de 50-60 km/h.

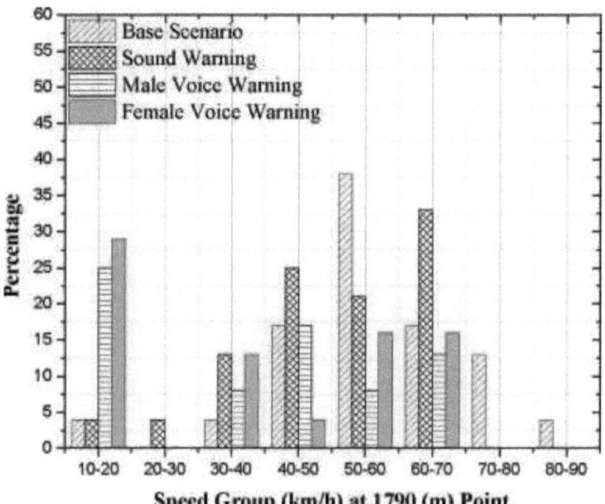

Figura 25 Comparação dos diferentes cenários de variação da velocidade a 1,790 m

No caso do aviso sonoro, a maior frequência de velocidade foi observada na gama de velocidades de 60-70 km/h. No entanto, no caso do aviso vocal feminino, a maior frequência de velocidade foi observada entre 10 e 20 km/h.

Com o aviso vocal masculino, a maior frequência de velocidade ocorreu a 20-30 km/h. Isto significa que a maioria dos participantes conseguiu adotar uma velocidade segura com a ajuda da mensagem de aviso vocal nos 41 m a partir da posição de travessia do trabalhador.

No caso do aviso sonoro, a frequência da velocidade máxima foi de aproximadamente 35%, com um intervalo de velocidade de 10-20 km/h. Foi também observado um padrão de velocidade semelhante para o aviso vocal masculino.

• Variações de velocidade a 1.810 m (após mensagem de aviso)

Na Figura 26, na posição de 21 m atrás da passadeira do trabalhador, o aviso sonoro (masculino e feminino) teve a frequência mais elevada na gama de velocidades, 30-40 km/h. Do mesmo modo, o participante com a ajuda do aviso sonoro manteve uma velocidade de 40-50 km/h.

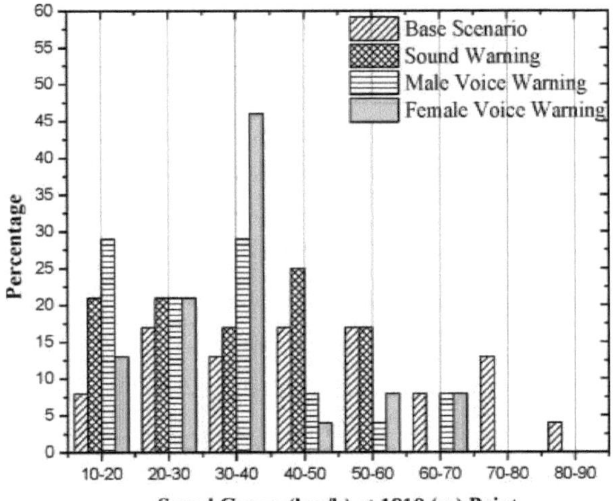

Figura 26 Comparação dos diferentes cenários de variação da velocidade a 1,810 m

No entanto, a frequência de velocidade do cenário de base foi variada nas gamas de velocidade 50-60 km/h e 70-80 km/h.

• Variações de velocidade a 1,831 m (posição de passagem dos trabalhadores)

A partir da Figura 27, na posição 1.831 m, o cenário de base teve a maior frequência na faixa de velocidade de 20-30 km/h. Isto significa que mais de 25% das pessoas no estudo tiveram dificuldade em adotar uma velocidade segura quando se aproximaram do ponto crítico.

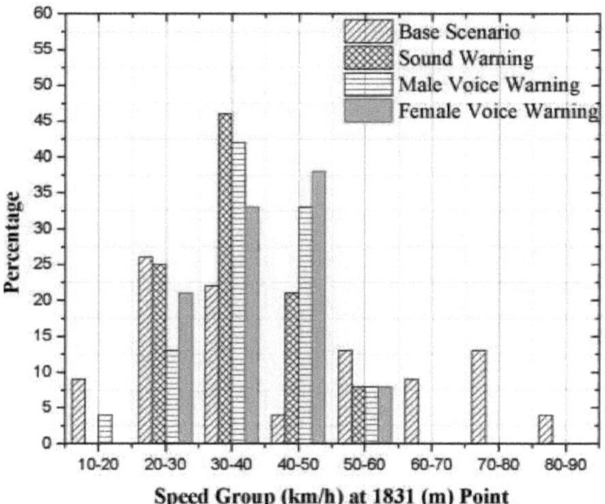

Figura 27 Comparação dos diferentes cenários de variação da velocidade a 1,831 m

Da análise da gama de velocidades em várias posições, observa-se que as frequências de velocidade do cenário de base foram as mais elevadas a 50-60 km/h e 60-70 km/h. No entanto, no caso de todas as mensagens de aviso, os participantes foram capazes de reduzir a velocidade e manter uma distância segura dos trabalhadores.

4.3.3 Aceleração/desaceleração

Para a investigação em matéria de segurança, a aceleração e a desaceleração são medidas de desempenho realistas, uma vez que indicam a gravidade potencial do evento de conflito. A Figura 28 mostra a distribuição da aceleração e da desaceleração para este estudo entre 1.756 m e 1.830 m.

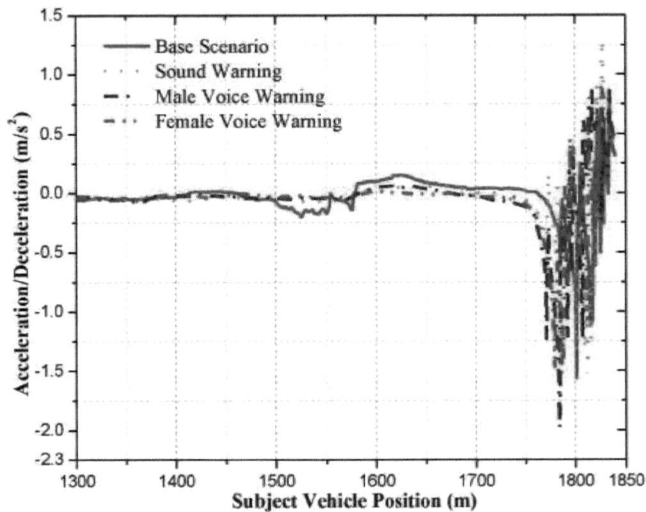

Figura 28 Comparação da aceleração com os cenários de posição do veículo sujeito

Os três cenários de estudo mostraram que, entre a voz masculina, a voz feminina e os avisos sonoros, os participantes desaceleraram mais cedo do que no cenário de base. Nestes três cenários, os participantes desaceleraram aproximadamente a partir de 1.773 m e aceleraram a partir da posição de 1.815 m. No entanto, os participantes do cenário de base tiveram dificuldade em desacelerar neste ponto, e as suas desacelerações foram muito próximas da posição de travessia do trabalhador a 1831 m.

4.3.4 Distância de reação do travão

A distância de reação à travagem é um parâmetro importante para avaliar o desempenho do aviso neste teste, que consiste em determinar quando é que os participantes travaram pela primeira vez para reduzir a velocidade. A Figura 29 mostra claramente que os participantes neste teste travaram mais cedo com a mensagem de aviso vocal (feminino e masculino), em comparação com o cenário de base.

Figura 29 Comparação da distância de reação dos travões para diferentes cenários

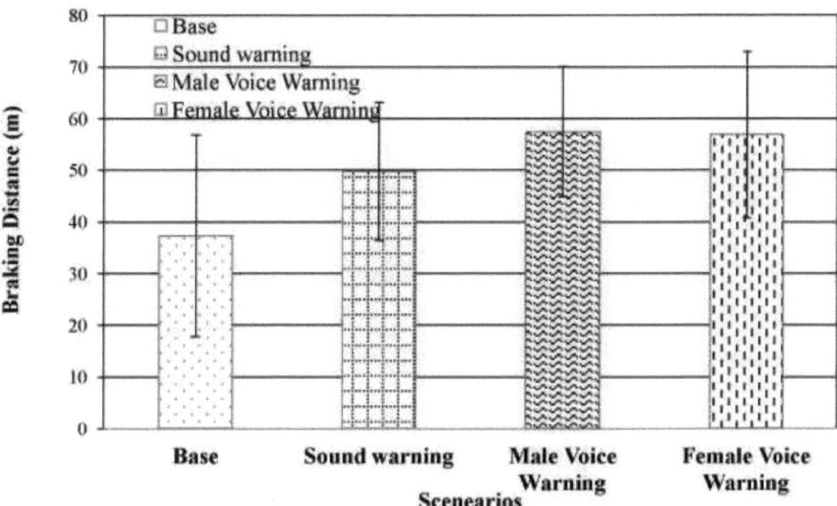

A distância média da primeira travagem para a voz masculina, a voz feminina e os avisos sonoros foi de cerca de 58 m, 57 m e 50 m, respetivamente. Além disso, para a mensagem de aviso sonoro, a reação dos participantes à travagem é melhor do que a da mensagem de aviso de base.

Por outro lado, a distância de travagem foi a mais baixa de todos os cenários para o cenário de base. A distância média de travagem para o aviso de base foi de 38 m. Os erros de desvio-padrão foram muito próximos para as mensagens de aviso vocais (femininas e masculinas) e sonoras (Quadro 8).

Quadro 8 Média e desvio-padrão para quatro cenários

Reação do travão Distância	Base Cenário	Som Aviso	Voz masculina Aviso	Voz feminina Aviso
Média	37.27	49.73	57.39	56.86
SD	19.51	13.36	12.59	16.11

4.3.5 Distância de segurança e tempo de passagem

A distância e o tempo de permanência são outros indicadores de segurança importantes para este estudo. Os resultados da comparação analisados na Figura 30 ilustram que, com a mensagem de voz (masculina e feminina), os participantes conseguiram manter uma distância de segurança em relação ao trabalhador que atravessava 31 m e 30 m, respetivamente.

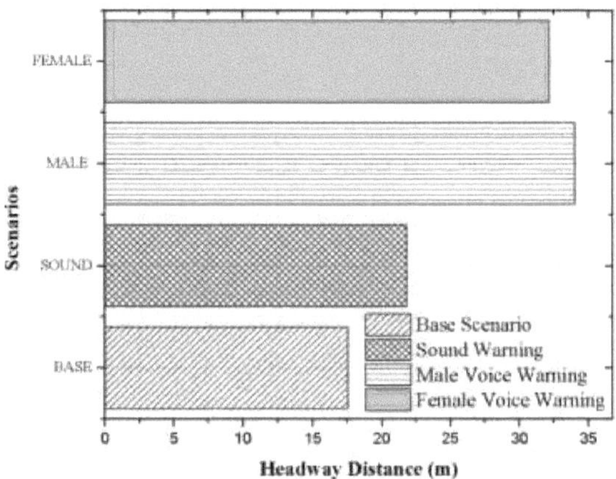

Figura 30 Distância de passagem em diferentes cenários

A Figura 31 indica que, para a mensagem de voz de aviso (homens e mulheres), os participantes devem, em média, aumentar o seu tempo de passagem em 3 segundos e 2,5 segundos, respetivamente, em comparação com o cenário de base.

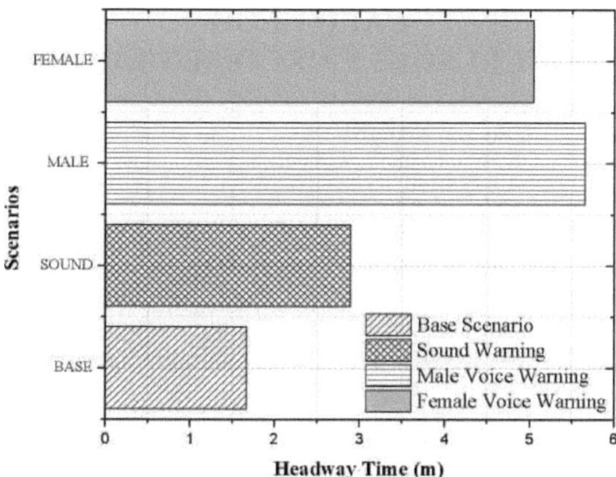

Figura 31 Tempo de percurso em diferentes cenários

No que respeita ao som, a distância e o tempo médios de passagem foram bastante inferiores aos do aviso sonoro. No entanto, para o cenário de base, os participantes apresentaram a distância e o tempo de passagem mais reduzidos, 17 m e 1,6 s, respetivamente.

4.4 Inquérito pós-questionário Fase B

Os resultados do inquérito por questionário posterior indicaram que 85% dos participantes no teste indicaram que a aplicação de mensagens de aviso para trabalhadores seguros baseada em smartphone na área de atividade aumentaria a condução defensiva dos condutores.

Oitenta por cento dos participantes estavam interessados em instalar esta aplicação no seu smartphone, enquanto apenas 20% dos participantes não manifestaram o desejo de instalar esta aplicação móvel nos seus smartphones.

Setenta e cinco por cento dos condutores afirmaram que a instrução/aviso sonoro não aumentou a carga de trabalho do condutor, enquanto apenas 25% mencionaram que aumentou a carga de trabalho. Ao longo do processo de teste, os avisos do smartphone ajudaram cerca de 60% dos participantes, enquanto apenas 40% dos indivíduos obedeceram ao sinal de trânsito e ao limite de velocidade numa rua urbana. A maior percentagem de participantes, cerca de 50%, gostou da voz feminina, enquanto apenas 10% gostaram do aviso sonoro. Quarenta por cento dos participantes escolheram a voz masculina. Os resultados deste inquérito permitem ver claramente a escolha dos participantes relativamente ao tipo de aviso sonoro.

CAPÍTULO 5
CONCLUSÕES E RECOMENDAÇÕES

5.1 Conclusões

Nesta investigação, foi testado um sistema de aviso ao condutor baseado num smartphone para evitar a colisão frontal, na área de aviso prévio de uma zona de trabalho (Fase-A) e para garantir a segurança dos trabalhadores rodoviários na área de atividade da zona de trabalho (Fase-B). O impacto do sistema baseado em smartphone nos comportamentos de condução foi testado num simulador de condução com 24 participantes. A análise estatística dos dados relativos às duas fases das experiências permite tirar as seguintes conclusões:

Fase-A

De um modo geral, os resultados estatísticos indicaram que as mensagens de aviso por voz (tanto masculinas como femininas) a partir de um smartphone eram a melhor opção para aumentar a segurança na área de aviso prévio das zonas de trabalho. Entre os quatro métodos de aviso, os condutores conseguiram manter o limite de velocidade seguro na zona de aviso prévio com a ajuda dos avisos de voz (masculinos e femininos).

Em termos de tempo de avanço, os avisos vocais (masculinos e femininos) e sonoros tiveram um impacto estatisticamente significativo na manutenção de uma distância segura em relação ao veículo da frente, em comparação com o cenário de base.

Uma conclusão importante do estudo foi o facto de o aviso visual distrair bastante o condutor, impedindo-o de se concentrar na estrada. Em todas as quatro medidas de desempenho, distância à frente, tempo à frente, velocidade e desaceleração/aceleração, uma mensagem de aviso visual deteriorou o comportamento de condução dos participantes, mesmo quando comparado com o cenário de base. Isto sugere que os condutores não devem, em momento algum, distrair-se visualmente das condições da estrada à sua frente.

Os resultados da análise da Fase A mostraram claramente que a aplicação SFCD é capaz de estabelecer a distância de segurança de 18 m para os condutores com a ajuda do aviso de voz.

Fase B

Tanto os avisos sonoros como os avisos vocais (masculinos e femininos) ajudaram os condutores a manter uma velocidade e uma taxa de desaceleração mais seguras na área de atividade da zona de trabalho. A partir da distribuição da frequência de velocidade em vários locais, observou-se claramente que os participantes conseguiram manter uma velocidade segura com a ajuda do aviso de voz em comparação com a mensagem de aviso de base. Além disso, nos três cenários, os participantes conseguiram começar a desacelerar mais cedo do que no cenário de base.

Para garantir a segurança dos trabalhadores, os condutores participantes puderam aplicar o primeiro travão com a ajuda de mensagens de aviso vocais. Isto significa que o aviso por voz ajuda efetivamente os condutores a reagir mais rapidamente, travando para evitar um acidente. Os resultados da análise da Fase B indicaram que a aplicação SWD é capaz de facilitar uma distância de segurança de 30 m para os trabalhadores.

Um resultado muito promissor deste estudo foi o facto de uma maioria significativa (cerca de 80%) dos participantes querer adotar um método de aviso baseado num smartphone na sua condução diária. Os participantes consideraram o método de aviso como um guia útil e não sentiram que esse sistema de aviso pudesse aumentar a carga de trabalho e o stress durante a condução em zonas de trabalho.

5.2 Recomendações

Para investigar completamente todo o potencial e aplicabilidade dos métodos de alerta baseados em smartphones, recomendam-se os seguintes domínios de investigação futuros.

Embora todos os testes em laboratório sejam justificados, podem ser realizados testes em grande escala em estradas reais para validar as operações e os impactos do aviso de colisão frontal baseado em smartphone num ambiente real de zona de trabalho. Para além do estudo da zona de trabalho, a investigação do aviso baseado no smartphone pode ser alargada a outros aspectos dos locais de segurança rodoviária, como a passagem de peões, semáforos e estradas com curvas.

Os testes em simulador com mais participantes devem ser realizados com a seleção aleatória de mensagens de aviso do smartphone. Para investigar a adaptabilidade desta tecnologia, devem ser incluídos participantes com representações demográficas mais alargadas.

APÊNDICE

Fase A: Formulário de inquérito por questionário

1. Considera que as instruções/avisos sonoros aumentam a carga de trabalho do condutor?
- Sim
- Não

Em caso afirmativo, pode aceitá-lo?
- Sim
- Não

2. Considera que este aviso de colisão frontal é realmente eficaz para a condução?

Por favor, classifique-o:

Avisos	Útil	Não é útil
Aviso vocal	Feminino	
	Masculino	
Sons	Bip de 1 segundo	
Visual		

3. Está habituado a este tipo de mensagem de aviso na estrada?
- Sim
- Não

4. Qual foi o padrão de aviso que mais lhe agradou neste teste?

A. Aviso vocal Feminino
B. Aviso vocal Masculino
C. Som
D. Visual

5. Considera que foi informado da situação de acidente potencial durante o teste com as mensagens de aviso?
- Sim
- Não

6. A que avisos prestou mais atenção durante o teste?
- Sinal de trânsito e limite de velocidade
- Aviso

7. Considera que o aviso de colisão frontal pode aumentar a consciência de condução defensiva dos condutores?
- Sim
- Não

OBRIGADO POR PARTICIPAR NESTE INQUÉRITO

Fase B: Formulário de inquérito por questionário

1. Considera que as instruções/avisos sonoros aumentam a carga de trabalho do condutor?

- Sim
- Não

Em caso afirmativo, pode aceitá-lo?

- Sim
- Não

2. Considera que este aviso de colisão frontal é realmente eficaz para a condução?

Por favor, classifique-o:

Aviso		Útil	Não é útil
Aviso vocal	Feminino		
	Masculino		
Sons	Bip de 1 segundo		

3. Está habituado a este tipo de mensagem de aviso na estrada?

- Sim
- Não

4. Qual foi o padrão de aviso que mais lhe agradou neste teste?

A. Aviso vocal Feminino
B. Aviso vocal Masculino
C. Som

5. Sente que conhece o perigo especialmente (presença de peões) durante o teste com a mensagem?

- Sim
- Não

---

6. A que avisos prestou mais atenção durante o teste?

- Sinal de trânsito e limite de velocidade
- Aviso

---

7. Deseja aplicar este sistema de alerta no seu veículo?

- Sim
- Não

OBRIGADO POR PARTICIPAR NESTE INQUÉRITO

REFERÊNCIAS

Agent, K. R. (1999, novembro). Evaluation of the ADAPTIR System for Traffic Control. Relatório de investigação KTC-99-61, Kentucky Transportation Center, Lexington, Kentucky.

Akepati, S. R., & Dissanayake, S. (2011). Caraterísticas e factores contributivos dos acidentes. In Proceeding of Transportation Research Board 90th Annual Meeting, Washington, D.C.

Ardeshiri, A., Jeihani, M., & Srinivas, P. (2013). Análise baseada em simulador de condução do comportamento de conformidade do motorista sob orientação de rota baseada em sinal de mensagem dinâmica. No Processo da 93ª Reunião Anual do Transportation Research Board, Washington DC.

Arditi, D., Lee, D., & Polat, G. (2007). Fatal Accidents in Nighttime vs. Daytime Highway Constructions. In Journal of Safety Research 38(4), pp. 399-405.

Basacik, D., Reed, N. & Robbins, R. (2011). Uso de smartphone durante a condução: A Simulator Study. Laboratório de Investigação em Transportes. Relatório n.º: PPR592, 2011 (72 páginas). REINO UNIDO. Recuperado de https://merritt.cdlib.org/d/ark:%252Fm5pr7

Brittany, A. S., Ardeshiri, A., & Jeihani, M. (2014). Análise do padrão de velocidade na proximidade de sinais de mensagem dinâmica usando um simulador de condução. In Proceeding of Transportation Research Board 93rd Annual Meeting, Washington, D.C.

Centros de Controlo e Prevenção de Doenças, Segurança Rodoviária. Recuperado de (2014): http://www.cdc.gov/niosh/topics/highwayworkzones.

Chambless, J., Belou, L., Lindly, J. K. & McFadden, J. (2001). Identification of Over-Represented Parameters for Crashes in Alabama, Michigan, and Tennessee. Transportation Research Board 80th Annual Meeting, Transportation Research Board of the National Academies, Washington, D.C.

Chang, M. S., Messer, C. J. & Santiago, A. J. (1985). Timing Traffic Signal Change Intervals Based on Driver Behavior. Em Transportation Research Board, Journal of the Research Board. Washington, D.C. No 1027, pp 20-30.

Connected vehicle: developing the platform to turn research into reality, (2011, novembro) ITE journal.

Os trabalhadores das zonas de construção enfrentam um risco elevado de lesões. (2013). Recuperado de http://www.brlawfirm.com/Articles/Construction-zone-workersface-high-risk-of -injury.

Department of Transportation (Internet.), DSRC Frequently Asked Questions, (2011)

Retrieved from http://www.its.dot.gov/DSRC

Ficha informativa: Improving Safety and Mobility through Connected Vehicle Technology (Melhorar a segurança e a mobilidade através da tecnologia dos veículos conectados). (2012). Obtido em http://www.its.dot.gov/con

FARS-Transportation injury mapping system (TIMS). (n.d). Fatality Analysis Reporting System. Recuperado de http://www-fars.nhtsa.dot.gov

Fatalidades em acidentes rodoviários com veículos a motor por Estado e dados sobre acidentes em zonas de trabalho. (2014). Obtido em https://www.workzonesafety.org/crash_data.

Administração Federal das Estradas (FHWA), (2014). Factos e Estatísticas Lesões e Fatalidades. Recuperado de: www.ops.fhwa.dot.gov/wz

Administração Federal das Auto-estradas (FHWA). (2009). Manual sobre Dispositivos Uniformes de Controlo de Tráfego (MUTCD). Obtido em http://mutcd.fhwa.dot.gov

Garber, N. J., & Zhao, M. (2002). Distribution and Characteristics of Crashes at Different Locations in Virginia (Distribuição e caraterísticas dos acidentes em diferentes locais na Virgínia). Em Transportation Research Record: Journal of the Transportation Research Board, Transportation Research Board of the National Academies, n.º 1794, pp. 19-25.

Gozalvez, J., & Sanchez-Soriano, J. (2010). Deteção de congestionamento de tráfego rodoviário através de comunicações cooperativas veículo-a-veículo. In Proceedings of the IEEE 35th Conference on Local Computer Networks.

Hall, J. W., & Lorenz, V. M. (1989).Characteristics of Construction-Zone Accidents. Em Transportation Research Record: Journal of the Transportation Research Board, Transportation Research Board of the National Academies, Washington, D.C., n.º 1230, pp. 20-27.

Harding, J., Powell, G., Yoon, R., Fikentscher, R., Doyle, J., Sade, C., Lukuc, D., Simons, M. J., & Wang, J. (2014, agosto). Comunicações veículo-veículo: Prontidão da tecnologia V2V para aplicação. (Relatório n.º DOT HS 812 014). Administração Nacional de Segurança do Tráfego Rodoviário, Washington, DC.

Segurança Rodoviária (2014). Recuperado de: http:/ /www.cdc.gov/niosh/topics.

Conceito importante no App Inventor. (2014). Recuperado de http://appinventor.mit.edu.

Espera-se que os sistemas de transporte inteligentes e as tecnologias veículo-a-veículo ofereçam benefícios de segurança, mas existe uma variedade de desafios de implantação. GAO-14-13, (2013, novembro).

Kandarpa, R., Chenzaie, M., Dorfman, M., Anderson, J., Marousek, J., Schworer, I., Beal, J.,

Anderson, C., Weil, T., & Perry, F. (2009, fevereiro).Relatório final: Vehicle Infrastructure Integration (VII) Proof of Concept (POC) Test - Executive Summary, FHWA - JPO - 09 - 038.

Leonard, K. (2013). Cumprindo a promessa da tecnologia de veículos conectados: Rumo a uma ERA de segurança e eficiência rodoviária sem precedentes. Editora: Transportation Research Board, ISSN: 0738-6826 Número da edição: 285.

Li, Q., e Qiao, F. Como é que o sistema de aconselhamento inteligente dos condutores melhora o desempenho da condução? Testes de simuladores em cruzamentos com encandeamento solar. (2014). Editora: LAMBERT Academic Publishing. ISBN: 978-3-659-57193-0.

Li, Q., Qiao, F.,& Yu, Lei. (2015). Impactos sócio-demográficos no tempo e na distância da ação de mudança de faixa na rodovia com o Smart Advisory dos motoristas. Jornal de Engenharia de Tráfego e Transporte. Volume 2, Número 5.

Li, Q., Qiao, F., Wang, X., & Yu, L. (2012). Impactos da comunicação sem fios P2V na segurança e no ambiente na zona de trabalho através de um simulador de condução. 26ª Conferência Anual da Associação Internacional de Profissionais de Transportes Chineses (ICTPA), em Tampa, Flórida, Volume 26.

Liao, C. F. (2014). Desenvolvimento de um sistema de navegação usando tecnologias de smartphone e Bluetooth para ajudar os deficientes visuais a navegar com segurança. Departamento de Engenharia Civil, Universidade de Minnesota, Relatório Final do Departamento de Transportes de Minnesota, Serviços de Investigação e Biblioteca, MN/RC 2014-12, Projeto CTS #2013027, recuperado de http://www.dot.state.mn.us.

Maitipe, B., Ibrahim, U. & Hayee, M. I. (2012). Desenvolvimento e demonstração de campo do sistema de informação de tráfego V2V assistido por V2I baseado em DSRC para o. Instituto de Sistemas de Transporte Inteligentes, Universidade de Minnesota, Relatório no. CTS Obtido em http://www.cts.umn.edu/Publications/Research

Estudo de caso da Administração Rodoviária do Estado de Maryland. (2014). Estudo de caso da Administração Rodoviária do Estado de Maryland. Recuperado de http:www.xerox.com/downloads/usa/En/bpo/casestudies/bpocasestudy.

McAvoy, D., Duffy, S., & Whiting. H. (2011). Um estudo em simulador dos factores precipitantes dos acidentes. Em Transportation Research Record: Journal of the Transportation Research Board, Transportation Research Board of the National Academies, Washington, D.C., n.º 2258, pp 32-39.

Najm, W. G., Koopmann, J., Smith, J. D., & Brewer. J. (2010). Frequência de acidentes-alvo para sistemas de segurança IntelliDrive. DOT-HS-811-381. Administração Nacional de Segurança do Tráfego Rodoviário do USDOT, Washington, D.C.

Nelson, A., Chrysler, S. Finley, M., & Ullman. B. (2011). Utilizar a Simulação de Condução para Testar Dispositivos de Controlo de Tráfego. In 90th Transportation Research Board Annual Meeting Compendium. Transportation Research Board of the National Academies, Washington, D.C., Paper Number: 11-1515.

Nemeth, Z.A., & Migletz, D. J. (1978). Accident Characteristics Before, During, and After Safety upgrading projects on Ohio's Rural Interstate System. Em Transportation Research Record: Journal of the Transportation Research Board, Transportation Research Board of the National Academies, Washington, D.C., n.º 672, pp. 19-24.

Comunicação V2V da NHTSA, Comunicação Veículo a Veículo. (2014). Obtido em http://www.safercar.gov/v2v/press_room.html.

Pigman, J. G., & Agent, K. R. (1990). Acidentes rodoviários na construção e manutenção. Em Transportation Research Record: Journal of the Transportation Research Board, Transportation Research Board of the National Academies, Washington, D.C., n.º 1270,. pp. 12-21.

Qiao, F., Jia, J., Yu, L., Li, Q., & Zhai, D. (2014). Sistema de assistência inteligente aos motoristas baseado em RFID para aumentar a segurança e reduzir as emissões Na 93ª publicação no Registro de Pesquisa em Transporte: Conselho de Pesquisa em Transporte,

Transportation Research Board of the National Academies, Washington, D.C., Paper Number: 14-1782.

Radwan, E., Harb, R., e Ramasamy, S. (2009). Avaliação da segurança e da eficácia operacional do sistema dinâmico de fusão de faixas na Florida. BD 548-24. Departamento de Transportes da Florida, Tallahassee, Florida.

Rakha, H., & Cetin. M. (2014). Solução baseada em smartphone para monitorizar e reduzir o consumo de combustível e a pegada de CO2. Instituto Politécnico e Universidade Estatal da Virgínia e Universidade Old Dominion, projeto USDOT TranLIVE, Contrato n.º: DTRT12-G-UTC17; KLK900-SB-001, Projeto RiP 36227.

Ren, Z., Wang, C., &. He, J. (2013). Deteção de veículos utilizando Smartphones android. Actas do Sétimo Simpósio Internacional de Condução sobre Factores Humanos na Avaliação de Condutores, Formação e Conceção de Veículos. Bolton Landing Nova Iorque, Documento n.º: 47.

Roadway Design Manual-Texas Department of Transportation, (2014). Obtido em http://onlinemanuals.txdot.gov/txdotmanuals/rdw/rdw.pdf.

Rouphail, N. M., Yang, Z.S., & Fazio, J. (1988). Comparative Study of Short and Long Term Urban Freeways (Estudo comparativo de auto-estradas urbanas de curta e longa duração). Em Transportation Research Record: Journal of the Transportation Research Board, Transportation Research Board of the National Academies, Washington, D.C No. 1163, pp. 4-14.

Salem, O. M., Genaidy, A. M., Wei, H., & Deshpande, N. (2006). Spatial Distribution and Characteristics of Accident Crashes of Interstate Freeways in Ohio (Distribuição espacial e caraterísticas dos acidentes em auto-estradas interestaduais no Ohio). In Proceedings of the IEEE Intelligent Transportation Systems Conference, Toronto, Canadá, pp. 1642-1647

Santos, J., Merat, N., & Mouta, S. (2005, março). A interação entre a condução e os sistemas de informação no veículo. Transportation Research Part F: Traffic Psychology and Behavior, Volume 8, Número 2, Páginas 135-146.

Schrock, S. D., Ullman, G. L., Cothron, A. S., Kraus, E., & Voigt, A. P. (2004). An Analysis of Fatal Crashes in Texas (Análise de acidentes fatais no Texas). Publicação FHWA/TX-05/0-4028-1.Texas Department of Transportation, Texas.

Departamento de Transportes do Texas. (2014). Recuperado de http://www.txdot.gov/traffic

A avaliação da tecnologia dos veículos conectados: Dos condutores inteligentes aos automóveis inteligentes e à .... auto-condução. (2013, julho). Revista ITE

Tracy, Z., Samuel, S., Borowsky, A., & Fisher, D. L. (2014). Os jovens condutores podem ser treinados para antecipar melhor os perigos em cenários de condução complexos? Um estudo de simulador de condução. Na 93ª Reunião Anual do Transportation Research Board, Washington, D.C.

Departamento de Transportes dos EUA (Internet). DSRC: The Future of Safer Driving, (2011).Retrieved from, http://www.its.dot.gov/factsheets/

Departamento de Transportes dos EUA, Comunicações Dedicadas de Curto Alcance (DSRC) para Veículos Conectados. (2014). Perguntas mais frequentes. Obtido em http:// www.its.govt/DSRC/dsrc faq.html.

Censo dos EUA (2010). Recuperado de http://quickfacts.census.gov/qfd/states

Ullman, G. L., Holick, A. J., Scriba, T. A., & Turner, S. (2004). Estimates of exposure on the national highway system in 2001: Transportation Research Record: Journal of the Transportation Research Board, Transportation Research Board of the National Academies, Washington, D.C., No. 1877, pp.62-68

USDOT Connected Vehicle Research Program (2011) Vehicle-to-Vehicle Safety Application

Research Plan, Relatório n.º: DOT HS 811 373.

Investigação sobre mobilidade e segurança nas zonas de trabalho, Segurança dos Trabalhadores. (2014). Recuperado de http://www.ops.fhwa.dot.gov/Wz/workersafety/index.htm,

Perigos de colisão de camiões em zonas de trabalho (ficha informativa). (2014). Obtido do sítio Web http://trucksafety.org/work-zone-truck-crash-dangers/

Yang, H., Ozturk, O., Ozbay, K., & Xie, K. (2014). Análise e modelagem de segurança: uma revisão do estado da arte. Em Actas da 93.

Transportation Research Board, Transportation Research Board of the National Academies, Washington, DC. Número do documento: 14-1692.

Zeng, X., Balke, K., & Songchitruksa, P. (2012, fevereiro). Potential Connected Vehicle Applications to Enhance Mobility, Safety, and Environmental Security (Aplicações potenciais de veículos ligados para melhorar a mobilidade, a segurança e a proteção ambiental). Publicação SWUTC/12/161103-1, Centro de Transportes da Universidade da Região Sudoeste.

Printed by Books on Demand GmbH, Norderstedt / Germany